インプレスR&D［NextPublishing］

New Thinking and New Ways
E-Book / Print Book

テキサスに学ぶ驚異の電力システム

日本に容量市場・ベースロード市場は必要か？

山家 公雄 著

◎卸取引市場だけで低価格、高信頼度を実現！
◎完全自由化、発送電小売完全分離、
孤立系統で断トツの風力普及
◎電力自由化周回遅れの日本が目ざすべきは
テキサス州では？

impress R&D
An impress Group Company

JN215103

はじめに　－自由化の先頭を切るテキサス州の魅力－

◆多くの日系企業が進出する地、テキサス州

2003年に、トヨタはテキサス州サンアントニオに大型工場を建設した。2014年に同社は、米国本社をカリフォルニア州ロサンゼルス郡トーランス市から、テキサス州ダラス市郊外のプレイノに移した。その後、三菱重工、クボタ、ダイキン、パナソニック等多くの大手日系企業においてテキサス州に本社を移す、重要部門を開設する等の動きが見られた。同州における日系企業の存在感は大きい。外資系の中では数で第1位、雇用数で第2位を誇る。日本の産業界にとっては、テキサス州は馴染みのある地域である。

テキサス州は、エネルギー産業の集積が大きい。1930年代に大規模油田が発見されて以降、石油、天然ガスの主要産地として多くの大資本が活躍してきた。最近では、シェール革命発生の地として活況を呈している。石油生産は全米の1/2を占め、安価で大量に産出されるシェールガスは米国のエネルギー構造を変え、そのLNG輸出基地としてフリーポートが注目を集め、大阪ガス等日本企業も活躍している。親子のブッシュ大統領は同州の石油関連企業に関わる。

テキサス州はハイテク基地でもある。宇宙産業、ICT、半導体等の産業が集積している。2000年前後にエネルギー自由化の波に乗り、市場機能、金融技術を駆使して時代の寵児となったエンロンはヒューストンに本社を構えていた。同社には批判もあるが、同社のビジネスモデルはその後多くの事業者に影響を及ぼし、コンプライアンスの整備とともに電力取引のスタンダートになっている感もある。

◆徹底した自由競争と強い自立意識

南部の中央に位置し、メキシコと長く接しているテキサス州は西部劇の舞台にもなる牧歌的な地という印象もあるが、東部エスタブリッシュメントとは異なり、共和党の牙城であり自由主義、競争原理は徹底している。エンロンが登場する素地があり、エネルギー分野でも価格メカニズムが浸透している。完全な発送電小売分離、発電自由化、小売自由化、競争を阻害しない透明性や規制・コンプライアンスは徹底している。米国はもとより、世界的に見ても最も競争原理が徹底していると言っても過言ではない。

多くの日系企業が進出しているのは位置、交通の拠点、多彩な産業基盤、豊富な労働力等の要因があるが、この透明性があり非差別的な事業環境の寄与も大きいと考えられる。競争は厳しいがルールが明確で地元との差別がない（少ない）ことに由来する安心感があるのだろう。

また、自主独立の気風が強い。The Lone Star Stateと呼ばれ、米国では唯一憲法上いつでも独立し、アメリカ合衆国から離脱すること認められている。電力の視点では、系統（送電網）が独立・孤立している。このため変動性の再エネである風力、太陽光の普及にはチャレンジすべきことが多くなるが、風力は全米第一位の導入量を誇り、発電電力量に占める割合は2割近くに達する。その秘訣はどこにあるのだろうか。また、徹底した価格機能によって、長期見通しを立てにくくなり、設備投資が委縮して供給不安を惹起しないのであろうか。

◆テキサス州と電力システム改革第２幕を迎える日本のシステム

日本でも3.11大震災以降、電力自由化に本格的に舵を切ったが、2020年は大きな節目を迎える。発送電分離（アンバンドリング）、小売規制料金の撤廃、送電事業者が柔軟性・予備力を調達する需給調整市場の創設、中長期の視点での予備力確保を狙う容量市場の創設、再エネ固定価格買取制度（FIT）の抜本的な見直し等である。

テキサス州では、アンバンドリングに関しては、送電はもとより発電と小売も完全分離している。小売規制料金（デフォルト料金）は撤廃済みである。リアルタイム市場は、名称こそ日本と同一であるが、実需給5分前の卸市場取引のことであり、混雑処理や予備力確保を同時に実現している。日本でいうところの送電会社専用のリアルタイム市場は存在しない。テキサスでは、予備力の確保は前日および（テキサスの）リアルタイムの卸取引市場で同時に扱われる。容量市場は存在しない。予備力を含めて短期卸市場で確保できるとの考え方をとる。

透明性、中立性、効率性、決済機能等を具備している卸市場がきちんと機能することが最重要で、それを妨げる懸念がある制度は導入していない。卸取引市場および系統の運用を司っているのが同州のISO（Independent System Operator）であるERCOT（Electric Reliability Council of Texas）であり、システムの要に位置している。容量市場導入に関しては、ハリケーンの影響で停電の多いテキサス州でも議論になったが、結局、コストが高くつくという理由で導入見送りとなった。最も強く反対したのは、電力コスト上昇を嫌う産業界で、自由化で需要家にサービスを提供することが本務となった電力小売会社も反対した。

テキサス州には、州政府として再エネを支援する制度は現状ない。特段の理由がない限り、個別の産業や技術を支援することは、公平性に反するという認識である。小売に占める再エネ割合を義務付けるRPS（Renewable Portfolio Standards）制度はあったが、前倒しで目標を達成した。膨大な風力開発計画を実現するため、RPS目標を達成するための風力電線整備事業CREZを、政治の意思として2013年末に実現したが今後そうした計画はない。ただし、競争力の付いた風力、太陽光は今後も増えていくと予想されている。また、民間事業者主導で、豊富な風力資源をさらに開発して需要の多い他州に送るため、連系線を建設する構想もある。

◆自立の中の自立、州都オースティン市が作った画期的なソーラータリフ

テキサス州の電力システムは、連邦システムから独立しており、価格機能を最も重視している。一方、その州都であるオースティン市には、垂直統合型の市営電力（オースティンエナジー）があり、州の規制を越えて自由に制度を設計しうる立場にある。発電事業はERCOTの取引市場を利用し、競争環境下に身を置くが、小売は地域独占で料金も自ら決めることができる。市民の声を反映して、再エネ・省エネを推進している。

同市では、屋根置きを中心に太陽光発電が普及するに伴い、オースティンエナジーの系統設備の利用が少なくなるという課題も抱えることとなった。これは、余剰太陽光電力を小売料金と同一価格で系統が引き取る「ネットメータリング」を採用している多くの州に共通する問題である。同市では、太陽光発電の発電量をその多様な価値を評価して全量引き取るとともに、

需要家が使用する全量に料金を課す「グロスメータリング」ともいえる料金システムを導入した。これにより、太陽光発電普及と系統の維持とのwin-win効果を実現した。これは全米で高く評価されており、2019年問題を抱えるわが国にとっても参考になる。ドイツのシュタットベルケ（地方公社）が話題になっているが、よりシステマチックと言えよう。

◆本書の構成

「第1章　テキサスの電力情勢」では、テキサス州の特徴、考え方、背景等について解説している。同州は全米で最も価格機能を重視し、自由な競争が浸透している。歴史的に自由競争、自主独立を尊ぶ気風がその背景にある。その結果、卸・小売共に価格は大きく低下してきている。厳しい競争環境にはあるが、非差別的で公平で透明性のある事業環境は、多くの事業者を引き付けている。日本企業は外資では最も活躍している。

「第2章　テキサス州の再生可能エネルギー」では、テキサス州の電力情勢の続きとして、再エネ事情について解説する。風況に恵まれていることに加え大規模風力専用送電線が整備されたことが大きく寄与し、風力は全米No.1の地位にある。また、州都の市民電力会社であるオースティンエナジーは、太陽光と系統の双方の価値に目配りしたソーラータリフを導入し、全米で注目されている。

テキサス州は、米国の中で最も革新的な電力システム設計となっているが、その要に位置するのが、卸取引市場と系統を運用する権限を有する機関ERCOTである。「第3章　ERCOTのエネルギーオンリーシステム」では、ERCOTの概要について、また、システム上の特徴で「エナジーオンリーマーケット」の代名詞でもあるSCED（信頼度維持・混雑管理と経済性を充たす最適な需給調整システム）について解説する。

電力供給において信頼度維持と経済性確保の両立は、時代や場所を超えた普遍的な目標である。しかし、実際には自由化前と後で、場所によりシステムに違いがある。「第4章　電力供給の基礎と市場取引プロセス」では、電力市場のあり方について包括的な解説を行っている。世界最先端を行くテキサス州の電力システムの特徴を理解する上で、不可欠なプロセスである。

「第5章　ERCOTの市場プロセスと信頼度維持対策」では、まずERCOTにおける電力取引の流れを時系列でみていく。次にEnergy Only Marketを特徴とするERCOT市場の運用について、短期市場でどのように信頼度維持（Reliability）を確保しているのかについて、解説をする。

2018年の夏は、需要が増える一方で、競争力を失った石炭火力が大量に廃止となり、計画予備率は大きく低下した。こうしたなかで、テキサスでは価格急上昇（スパイク）が生じることが予想されていた。「第6章　2018年夏に価格スパイク期待が外れた理由」では、こうした状況やスパイクが生じなかった顛末、要因について解説する。

◆真逆に見えるテキサスモデルをヒントに一気に世界を追い越す発想

この本はテキサス州の電力システム、電力市場を紹介している。ただ、それはテキサスだけに留まるものではない。テキサス州の事例を学ぶことを通して、我々日本の電力システム、電力市場のあり方を考え直すことができる。

2020年の日本の電力システム改革を前に、テキサス州のシステムは参考になる。先行する欧米のなかでも最先端を行き、将来はテキサス州のシステムに収斂していく可能性もあると、筆者はみている。効率性と信頼性を兼ね備えた価格機能を活かすシステムは、透明性があり普遍性があると思うからだ。日本企業が好んで進出する一端がここからも窺える。

日本は、電力自由化や再エネ普及で周回遅れとなっており、その弊害が産業全体に及んでいるのが次第に明らかになってきている。この形成を一気に転換する、逆転するヒントがテキサス州のシステムにある。ドイツ等EUの取組みは、広くコンセンサスを得る必要から、理詰めで法令等に明示されており分かりやすく、実績も出ている。それでも欧州の例を引くと、環境が異なる海外の事例を好んで語るものとして「出羽の守（デワノカミ）」と揶揄する向きがある。ただ、グローバル時代の基本システムは収斂していくものとも言える。世界、そして米国、なかでもテキサス州はビジネス等でより日本に馴染みが深い。

10電力会社（送電会社）が割拠し、それぞれのエリアでバランスを取る仕組みは、欧州と似ている。系統運用は送電会社、卸市場の運用は電力取引所と分かれているのもそうである（欧州では両者の連携が密である）。一方、米国は、電力会社の数が多いこともあり、一般に系統の運用は送電会社の委託を受けてISOが実施しているが（全需要の3/4程度）、ISOは卸取引の運用も担っている。価格メカニズムを活用した効率的な系統運用という視点では、ISO方式がより優れていると考えられる。

それを最も突き詰めているのがテキサス州ではないか。2020年は日本でも送電会社は法的に分離される。送電会社の統合も視野に入る可能性があり、一気に米国型に向かうのは無理としても、テキサス州を手本とする「日本型SCED」を目指すこともありえよう。SCDE（Security Constrained Economy Dispatch）はテキサス州ISOであるERCOTのリアルタイム市場の特徴を示したもので、同州のエネルギー関係者は頻繁にこの言葉を発する。文字通りこの「信頼度を確保した経済的な需給調整」の構築を日本でも期待したい。

本書が世に出るにあたっては、2016年および2018年に米国現地調査のチームとして行動を共にし、同国のエネルギー政策等に関してディスカッションを行った一般社団法人海外電力調査会 飯沼芳樹氏、京大再エネ講座仲間の内藤克彦氏、中山琢夫氏、小川祐貴氏には、大変お世話になった。本書で、感想や意見に係るところは筆者の文責による。また、前々作「『第5次エネルギー基本計画』を読み解く」および前作「送電線空容量ゼロ問題」に続いて、こうした出版の機会を与えていただいた株式会社インプレイスR&Dおよび適切なアドバイスをいただいた宇津宏編集長に、感謝を申し上げたい。

本書が、エネルギー情勢や政策に関心を持っておられる方の理解の一助になれば、誠に幸いである。

2019年6月　町田市自宅近くの喫茶店にて

山家 公雄

目次

1

第1章　テキサスの電力情勢
－独立と自由化が生む低価格－

本章では、テキサス州の電力情勢についてその特徴、考え方、背景等について解説する。

テキサス州は全米で最も価格機能を重視し、自由な競争が浸透している。その結果、卸・小売ともに価格は大きく低下してきており、他州と比べても相当に低い。歴史的に自由競争、自主独立を尊ぶ気風がその背景にあり、自ら考え実践してきている。

テキサス州の電力システムを考える際には、州全体の基盤を理解する必要がある。厳しい競争環境にはあるが、非差別的で公平で透明性のある事業環境は、多くの事業者を引き付ける。日本企業は外資のなかでは最も活躍しているが、それにはこうした要因がある。同州のイメージについては、日本と比較した表1-1でつかんでいただきたい。大まかに言うと、面積は2倍、人口は1/4、GDPは1/3、発電電力量も1/3という数字からその規模の大きさが分かるだろう。

表1-1　日本とテキサスの諸データ

	面積	人口	GDP	発電電力量
日本	38万ｋｍ^2	1億2700万人 (2017年)	4兆9000億ドル (2017年)	10300億kWh (2016年)
テキサス州	70万ｋｍ^2	2870万人 (2018年)	1兆7000億ドル (2017年)	3600億kWh (2017年)

1.1　テキサス州の概要

ここでは、テキサス州の特徴を概観する。位置、産業、生活、気風、歴史的な視点等からのポイントを指摘する。それらの多くはとても魅力的で、日系企業が多く進出している理由にもなっている。本書のテーマである独自の特徴と普遍性を併せ持つ電力システムを生むには背景、基盤が存在するのだ。

◆中央に位置する全米第２位の大国（州）

テキサス州は、全米2位の経済規模を持つ経済的に大きな州であり、もしこれを国家とすると、世界10位に該当する（2015年時点）。全米第1位はカリフォルニア州であり、世界では5〜6位になる。GDPは約1兆4700億ドルであり、主要産業はエネルギー、ハイテク、農業・牧畜、鉱業、宇宙、金融、商業と幅広い。1930年代に大規模な油田が発見されて以降、エネルギー生産でも大きな地位を占めている。シェール革命発祥の地として、現在でも米国石油生産量の約1/2は同州が占めている。

人口も、カリフォルニア州に次ぐ全米2位の2870万人（2018年）を抱えており、増加率も高い。好調な産業を多く抱えていることに加えて、メキシコ経由で多くの移民が流入する（NAFTA経済）。その結果でもあるが、多くの大都市を抱える。人口の多い順に列挙すると、ヒューストン、サン・アントニオ、ダラス、オースティン、フォートワースとなる。図1-1は、テキサス州の人口推移の実績と見通しである。また図1-2は同州の大都市の位置および概要を示したものである。

面積は、アラスカ州に次いで全米2位の広さを誇る。面積は70万㎢であるが、これは日本の2倍に相当する。州内の地理を見ると、東南部に人口、経済が集中している。西は砂漠地帯であり、シェールオイル・ガスの開発が盛んであり、前述のとおり、全米石油生産の1/2は同州で産出されている。西部は日射条件が良く、シェール開発のフラッキングに要する電力供給を、伸長している太陽光発電が賄っている。風力は西と北が適地である。

◆自主独立の気風に富むLone Star State

テキサス州は、自主独立の気風に富んでいる。歴史的な経緯から憲法上独立することが認められており、州旗の一個の星Lone Starはそれを示す。この自主独立の気風はインフラにも表れている。電力系統は州で独立（孤立）し、卸市場は州内で完結しており、ISO（Independent System Operator）であるERCOT（Electric Reliability Council of Texas）は、連邦政府機関（FERC）の管轄下にはない。料金を含む制度を独自に決める権限があり、迅速な政策決定やユニークな規制、施策を独自に採用することができる。長距離送電線も州を跨ぐものと比べて容

図1-1　テキサス州の人口推移

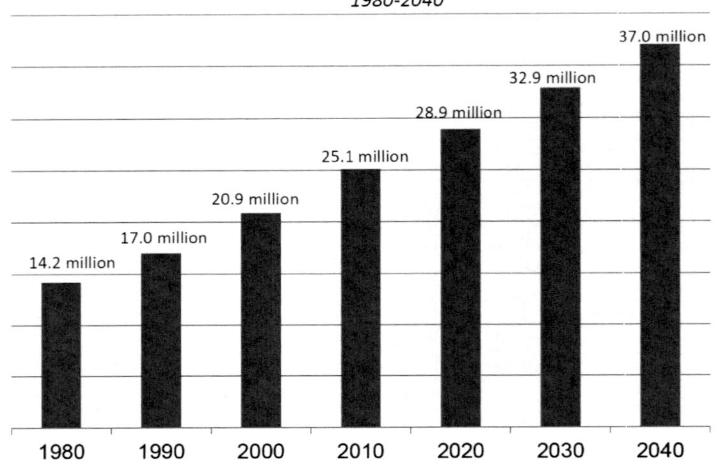

Sources: U.S. Census, Texas State Data Center 0.5 scenario

出所：ACAT, The Wholesale Electric Market in ERCOT 2017

図1-2　テキサス州の大都市

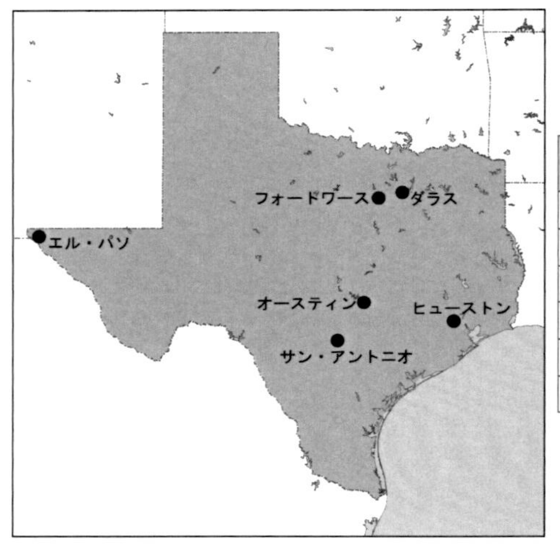

都市	地域	人口（2010年）	テキサス州内順位	全米人口順位
ヒューストン	南東部	2,099,451	1	4
サン・アントニオ	中央部	1,327,407	2	7
ダラス	北部	1,197,816	3	9
オースティン	中央部	790,390	4	14
フォートワース	北部	741,206	5	16
エルパソ	西部	649,121	6	19

易に作ることができる。

テキサス州はこのシステムを守ることを重視しており、州外との連系線は、直流を原則とし交流により他州と同期することを防いでいる。なお、公営電力会社もあり、独立した州の中においてさらに独立した地位を保持している自治体がある。公営電力会社は料金制度を含めて独自性を発揮し、その柔軟なシステムは州内あるいは連邦内において参考にされているところもある。州都であるオースティン市やサン・アントニオ市がその代表といえる。

その結果、連邦政府の規制を受けない。見方を変えると、連邦政府の規制から自由でありたいがために、系統・市場ともに独立したシステムを維持していると言える。

◆多くの日系企業が進出

日本企業はテキサス州に多く進出している。2013年のデータであるが、日系企業進出数321社はテキサス州内にある外国企業数の国別で第1位、日系企業雇用者数4万5千人は第2位になる。その後、その存在感はさらに大きくなる。2014年に、トヨタ米国本社が、カリフォルニア州からテキサス州ダラス北部プレイノへと移った。これは、大きなニュースとなったが、その後以下のように大手日系企業の移転、新設が相次いだ。

・2016年5月、三菱重工、米国法人本社を東部ニューヨークからテキサス州ヒューストンへ移転。
・2017年4月、クボタ、米国販売会社本社をカリフォルニア州からダラス近郊へ移転。
・2017年5月、ダイキン工業、米国の中核拠点となる工場をヒューストン近郊に新設。
・パナソニック、デジタル関連拠点、ダラス市街に開設。

JETRO等の関係者は、テキサス州のメリットを次のように解説する。地理的に米国の中央に位置し、物流をはじめとして事業の展開に便利。交通の要衝としてダラス・フォルトワース空港、ヒューストン空港が存在する。メキシコと地続きで、労働力に余裕があり、NAFTAを利用できる。人口が増加しており労務費、資材費、用地費が安く、生活もしやすい。共和党王国で保守的で社会が安定している一方で、進取の気質にも富み、技術開発も活発である。

1.2　テキサスの電力システムの特徴

次に、前節でさわりだけ紹介したテキサスの電力市場の特徴を、もう少し詳しく見ていこう。そのシステムは、全米でも世界的に見ても極めてユニークである。そして将来、他の全てのシステムがこのかたちに集約するのではと思わせる魅力がある。以下、そのポイントを列挙する。

1.2.1　連邦システムから独立、自主規制

◆独立（孤立）系統

まず、電力網（系統）が独立していることである。日本の2倍の面積があるのだが、孤立しており[1]、この点日本と同様である。この孤立系統のなかで変動する再エネがどの程度普及できるか興味深い。風力は全米最大の導入量を誇り発電電力量に占める割合は2割に至っている。

◆州内卸市場

上記独立系統と表裏一体であるが、卸市場が州内で完結し、電力取引の基盤をなしている。州内には、発送電一体で小売は地域独占の市営電力も存在するが、基本的には（需給集積に乏しいローカルを除いて）ERCOTの卸市場を利用している。

◆連邦規制からフリー

以上の結果、連邦政府の規制を受けない。見方を変えると、連邦政府の規制から自由でいたいがために、系統・市場ともに独立・独自のシステムを維持していると言える。

◆エネルギーオンリーマーケット：容量市場を持たない

どの国・地域でも、電力制度は経済性、信頼度の両立を目指して設計されている。自由化前は、信頼度が特に重視され、設備に余裕を持つように設計されていた。自由化後は、経済性・効率性の位置付けが高まったがそのなかでも、信頼度の維持重視は不変である。

自由化の中で信頼度をどう維持するかが議論となり、「いつでも稼働できる状況」を価値として取り扱う「容量市場」（キャパシティマーケット）や「容量メカニズム」が、卸市場とは別に導入される場合が多い。これに対してテキサスは、容量市場を持たず、短期の卸市場が有する効率性を重視し、そのなかで信頼度の維持（予備力確保）も図る「エネルギーオンリーマーケット（Energy Only Market）」である。これは、世界でも唯一といってもよい特徴である。もともと

---

1. 日本の場合、北海道と本州は同期せず直流（北本連系線）で接続しているが、非常時のバックアップになることもあり「孤立」とは表現しない。しかし米国では連邦と州との権限が明確に別れており、直流で接続されていてもテキサス州のような例は孤立系統として扱うことが一般的である。

同州は、共和党の牙城であり、自由競争が強く志向される土地柄であるが、それが背景にある。

1.2.2 完全自由化

同州は、米国内で、電力自由化が最も進んでいると言われている。電力取引市場は、前述のように、長期の容量市場を導入せず短期の卸取引市場のみの制度となっている。また、「小売」も完全に自由化されている。アンバンドリング（発送電分離）も全面的に実施され、発送配小売は完全に分離されている（ただし一部の自治体営会社、COOPはこの限りではない）。これまでテキサス州では、ERCOTのシステム下において価格は低下しつつも予備力は確保されてきている。同州のエネルギー関係者は、「成功したシステムである」と自負している。

◆アンバンドリング

テキサス州は完全自由化を採用している。まず、完全な「発送電小売分離（アンバンドリング）」を実施している。これは、送配電分離ではなく、発電・送電・配電・小売の4部門を全て分離している（ただしごく一部地域では、送電と配電が一緒になっている場合もある）。

米国は、1996年にFERCがオーダー888を発して送電線へのオープンアクセスを実現した。ISOの創設が奨励され、送電会社が有する系統運用権のISOへの譲渡が行われた。いわゆる「機能分離」が実施された。一方で、FERCはアンバンドリングまでは求めず、各州の自主的な判断に任せるとした。オープンアクセスにより発電は完全自由化されたが、米国では現状でも垂直統合型の電力会社が多く存在する。

そのなかで、テキサス州はアンバンドリング実施を決めた。消費者・需要家への供給責任を持つ電力ユーティリティに関しては、民間会社（IOU：Investors Owned Utility）は例外なく分離した。一方、自治体営会社（POU：Public Owned Utility）については、「小売の域内独占は継続するが域外には出ないのか」、または、「域外にも出て独占を放棄するのか」の選択を迫られた。州首都のオースティン市では、市内独占継続を選択している。また、ローカルに位置し、卸市場取引の及ばないような過疎地に展開するCOOPは、垂直統合のままとなる。

◆卸電力取引所の最大活用：エネルギーオンリーマーケット

同州の自由化は徹底しているが、それを最も示しているのが短期の卸取引にフォーカスした「エネルギーオンリーマーケット」を採用していることである。これは際立った特徴であり、前述のように州として独立していることの証しともいえる。電力は、貯められない性質があり、品質を維持し、停電を発生させないために、常に需給を一致させる必要がある。このため変動する需要を常にカバーする供給力が存在している必要がある。故障、定期検査等を考えると、一定の供給予備力を確保する必要がある。

自由化前の「総括原価方式」、自由化後は数年後の予備力を強制的に確保する「容量市場」が予備力確保の代表的な仕組みであるが、テキサスは容量市場を持たない。短期の卸取引市場（スポット、アンシラリー）で予備力確保を含めて調整する。テキサス方式と容量市場の間に位置する制度もあるが、これは容量メカニズムと称され、カリフォルニア州やドイツがその代表例になる。米国で容量市場を持つISOは、PJM、NYISO、ISO-NEの3機関である。

◆小売自由化

電力小売については、米国では州政府の判断となるが、テキサス州は完全自由化を選択した。これはアンバンドリングとセットになる。小売自由化にもその度合いに濃淡があるが、テキサス州は自由競争を徹底している。旧電力会社が安定した電力価格を提供するための標準料金制度（デフォルト制度）も存在しない。消費者が小売会社を変えたことのある割合（スイッチ率）は9割を超え、デジタル仕様で遠隔・自動検針が可能となる「スマートメーター設置率」は8割を超えている。消費者は州政府が関与するウェブ開示システム"Power To Choose"を介して全ての小売商品を容易に比較することができる。

◆自由化整備の経緯

連邦ベースで本格的に電力自由化政策を実施したのは、1996年の「FERCオーダー888」に遡る。テキサス州もそのタイミングで自由化を進める。系統的に独立しているテキサス州は、連邦エネルギー規制委員会（FERC：Federal Electricity Regulatory Committee）の規制に従う必要はないのだが、元来自由競争を信奉する土地柄であり、より積極的な自由化推進を決めていく。前述のように、同州はERCOTのISO化、アンバンドリング、小売自由化を導入する。これらの措置は1999年に州法にて定められたが、2002年に完全自由化に移行する。2007年にはデフォルト制度を廃止し小売自由化は仕上がる。なお、2010年には市場取引制度をゾーン（Zonal）からノード（Nodal）へと変更する[2]。2014年は容量市場創設問題に決着がつき、容量市場なしのEnergy Only Marketとして進むことが確認された。

以上のような制度改革を経て、米国はもちろん世界でも類を見ない価格メカニズムが行き渡るシステムとなった。市場参入者は増え、卸・小売ともに価格は低下し、全米一の風力導入地域となった。テキサスの電力業界人は、自立したシステムであることとともに、最も成功したシステムと自負している。

◆再エネ普及：現状、特別の推進政策はない

現在、再生可能エネルギー普及を促す施策は存在しない。同州は自由経済、価格メカニズムを重視しており、特定の産業に補助金等で支援するような政策を嫌っており、再エネ促進施策も現在は原則存在しない。ただし過去には、温暖化対策、幼稚産業育成としての再エネ支援策はあった。1999年に電力自由化と同時に、小売に占める再エネ割合を義務付けるRPS（Renewable Portfolio Standards）制度の導入も決まり、2002年に実行に移された。このRPS制度の目標値

---

2. ゾーン（Zonal）、ノード（Nodal）については、本書3.2節、また4.3.2項などを参照していただきたい。

は絶対量であったが、2010年に前倒しで達成された。

その間、風力発電の開発計画に対する送電容量不足を解消するために、送電線建設を決めた。風力適地である北部、西部から需要地である中部、東部へ送る送電線を建設するもので、CREZ（Competitive Renewable Energy Zones）と称される。2009年に建設開始、69億ドルをかけて2013年に運用開始になった。このインフラ整備の効果は大きく、風力の大規模導入に貢献した。

その後は州政府としての再エネ施策は打ち出されていない。しかし、政府・規制関係者は、今後も再エネは普及していくとみている。競争力がついてきており、市場が判断する結果、増えていくとしている。

1.3 資料で見るテキサスの電力情勢

前節では、テキサス州の電力システムの特徴、ポイントを概観した。ここでは、データに基づいて具体的に解説する。

◆電力シェアの推移①発電設備容量（kW）：天然ガスと風力が伸び石炭は減る

図1-3は発電設備容量（kW）の推移であり、1999年～2018年（実績見込み）の20年間を取っている。一部の例外の年を除き着実に増えてきているのが分かる。特に、天然ガスと風力が大きく伸びている。天然ガスは2000年～2004年の間、急増している。また、2008年以降も着実に増えてきている。前者は、ガスタービンの技術革新によりコストが急低下したことに伴う。このタイミングでリードタイムの短いガス発電が急増したことは、自由化開始に伴い発電への投資意欲が減退するのではないかとの懸念を払拭する効果があり、「発電設備容量蓄積」に寄与した。また、2008年以降の増加は、シェール革命により天然ガス価格が低下したことによる。

図1-3　発電設備容量の推移（ERCOT、1999～2018年）

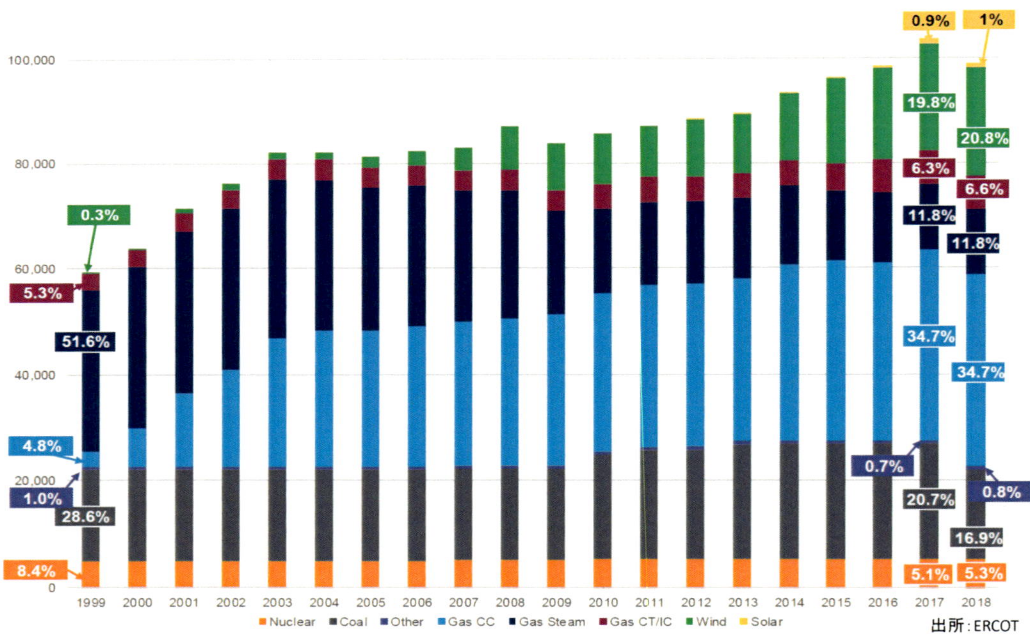

風力は、2000年に入った後開発が進んでいるが、これは州政府がRPS制度を導入したことによる。2005年頃から増加に拍車がかかるが、コスト低下と連邦政府の生産減税（PTC：Produce Tax Credit）効果による。2014年以降開発が再び加速するが、風力専用送電線の整備（CREZ）が2013年末に完了したことに加え、コストがさらに低下し天然ガス火力と並ぶ競争力を持つよ

うになったことが効いている。

一方、石炭火力の容量は、この20年間あまり変わらないが、他種電源が増えたことによりシェアは低下してきている。1999年の28.6%から2017年は20.7%、2018年は16.9%へとダウンしている。特に2018年は実際の容量も大きく減少し、容量全体の縮小を招く主要因となっている。2018年3月に4基、約400万kWもの設備が一度に廃止となった。長引く市場価格低迷と利用率低下により設備の維持が難しくなったのである。この大規模廃止と需要増予想とが相まって、予備率が大きく低下し2018年夏は、価格スパイク[3]が予想されていた。しかし、実際は予想していたほどスパイクはしなかった。これに関しては第6章にて詳述する。

◆電力シェアの推移②発電電力量（kWh）：天然ガスと風力が伸び石炭は減る

図1-4は、2002年から2017年までの、16年間の発電電力量（kWh）の推移である。需要増に伴い着実に増加している。電源種ごとに2002年と2017年の構成比を見ていくと、原子力は12.9%→10.8%と11～13%前後で安定的に推移している。同州では4基、500万kWの設備が存在するが、比較的新しいことや燃料費が低いことから安定的に給電されている。2012年以降固定費を回収できない状況が続いているが、火力燃料費変動に対するヘッジ機能もあり、一定の存在を示している。原発所有者は火力も運用する大規模発電事業者である。

図1-4　発電電力量の推移（ERCOT、2002～2017年）

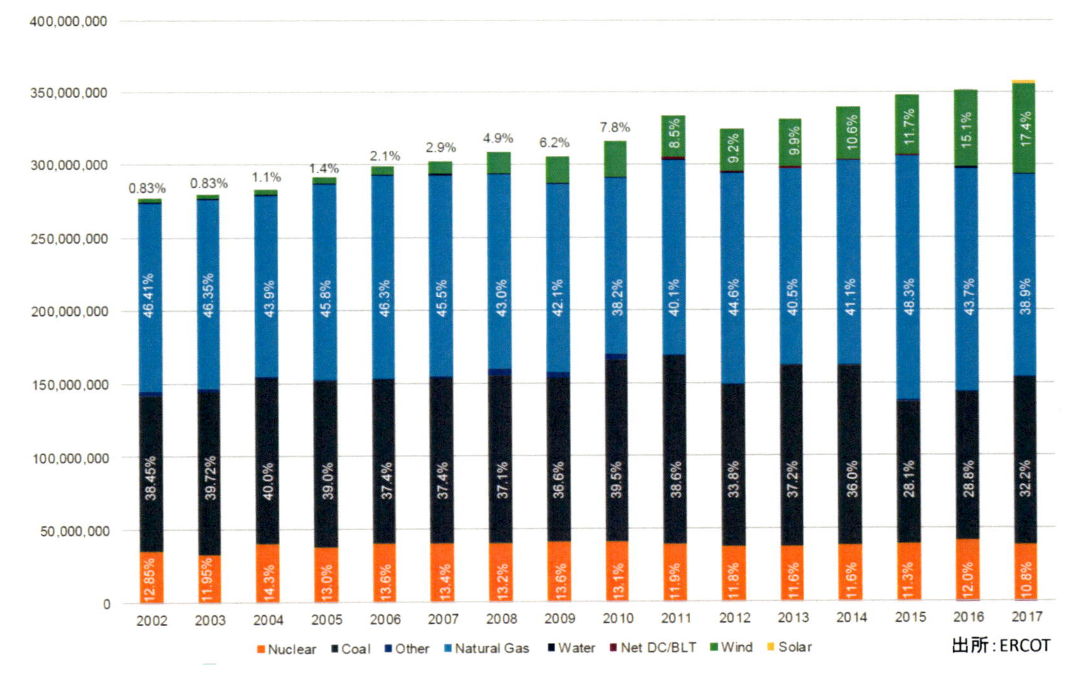

出所：ERCOT

石炭は、4割を少し下回る水準で推移していたが、2015年以降は3割前後まで低下している。

3. 価格スパイク：電力需要逼迫によって発生する電力市場価格の高騰。

燃料費がシェールガスよりも高いことから市場では劣後の扱いを受けるようになっており、最近は風力の顕著な増加の影響も受けている。天然ガスは、4割強で推移してきたが、2015年に燃料価格低下により48.3%と最高水準を記録した後、風力増加の影響で2017年は4割を切っている。風力は着実にシェアを上げてきている。2004年に1%を、2009年に5%を、2014年に10%をそれぞれ超え、2017年には17%に至っている。テキサス州は全米No.1の風力設置量を誇っている。

◆ERCOTにおける電力価格、ガス価格は着実に下がってきている

図1-5は、2002年から2017年までのリアルタイム市場価格と天然ガス価格の推移を示したものである。両者には正の相関関係があることが分かる。2008年に電力はMWh当り77ドルと当期間での最高値を付けたが、天然ガス価格も8.5ドル/MMBtuと最高値を付けている。その後シェールガス革命によりガス価格が大幅に下がり、3〜4ドルで推移した後、近年は2ドル台まで低下した。電力価格はそれに合わせて低下し、2015年以降は20ドル台で推移してきている。

市場取引では供給設備（供給曲線）は発電設備の限界費用に従って配置されるが、価格は需要曲線との交差する均衡点における設備の燃料価格で決まる。この期間は2010年を除き天然ガス火力が最大シェアを占めており、燃料価格水準の決定要因となっている。

天然ガスと石炭は主力火力発電として競合関係にあるが、競争を通じて価格が均等化してきている。天然ガスは石炭価格をにらんで、石炭も天然ガス価格をにらんで変動しているものと推察される。ガスは石油とともに採掘されるが、石油価格はガスに比べて市場価格が高く、生産者はその分ガス価格を低くできるという見方がある。

これらによりガス価格と生産量から電力価格を推定することができる。シェールガスの産出増が見込めれば電力価格は安定化する、LNG輸出が活発化し国内向けの供給が伸びなければ電力価格は上がる等の予想が可能となる。

◆電力市場価格のISO間比較：ERCOTの電力コストは低い

図1-6は、米国ISOのリアルタイム市場における年間平均価格を比較したものである。エネルギー価格（kWh）に加えて、アンシラリーサービス価格（kW、kWh）、容量市場（kW）、アップリフト費用の3要素をkWhで除した数値を加えた「総電力価格」を比較したものである。ERCOT、SPP（Southwest Power Pool）、MISO（Midcontinent ISO）は低く、CAISOが中間、NYISO、ISO-NE（New England）、PJMが高いエリアと分類される。

短期の卸市場取引であるエネルギー、および、実需給時にISOが準備するアンシラリーの差はあまりないが、中長期の取引である容量市場コストの有無により大きな開きが生じていることが分かる。ERCOTには容量市場は存在しないが、短期エネルギー取引の中にアンシラリー（短期の運用予備力）の強化や「運用予備力の程度に反応する仕掛け」が存在する。これは容量市場的要素を含むものである。このグラフからは、容量市場のないISOエリアは価格が低いことが明確に示されている。なお、卸市場、アンシラリーサービス等の詳しい説明は第3章を参照されたい。

図1-5　リアルタイム市場価格と天然ガス価格の推移（ERCOT、2002～2017年）

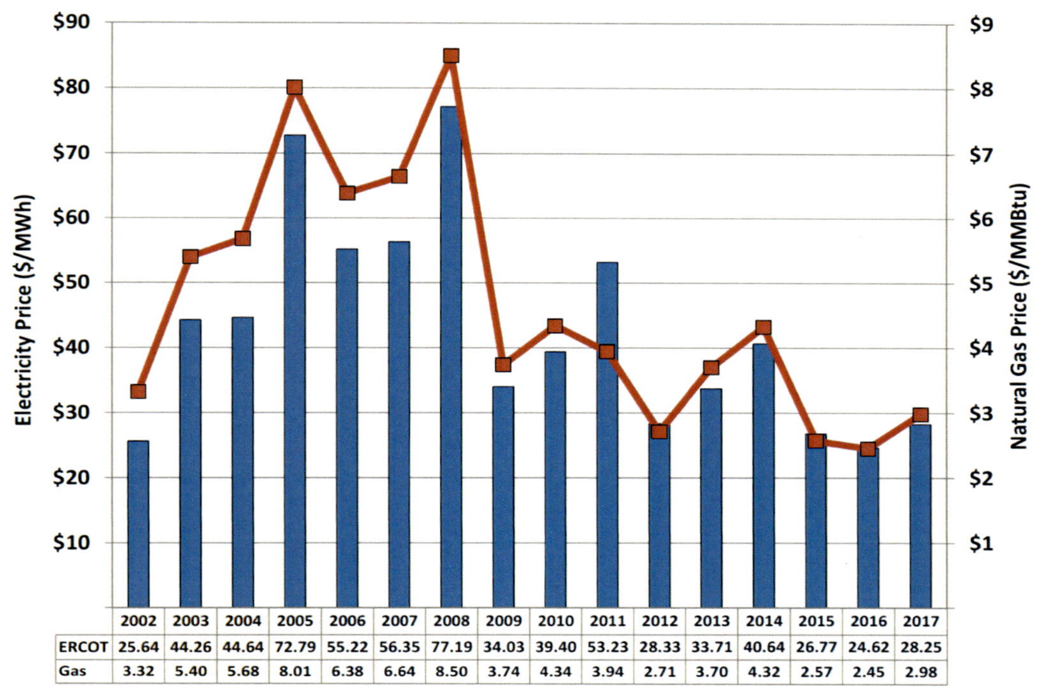

	2002	2003	2004	2005	2006	2007	2008	2009	2010	2011	2012	2013	2014	2015	2016	2017
ERCOT	25.64	44.26	44.64	72.79	55.22	56.35	77.19	34.03	39.40	53.23	28.33	33.71	40.64	26.77	24.62	28.25
Gas	3.32	5.40	5.68	8.01	6.38	6.64	8.50	3.74	4.34	3.94	2.71	3.70	4.32	2.57	2.45	2.98

出所：2017 State of the Market Report for the ERCOT Electricity Markets（5/2018）

図1-6　電力市場価格のISO間比較

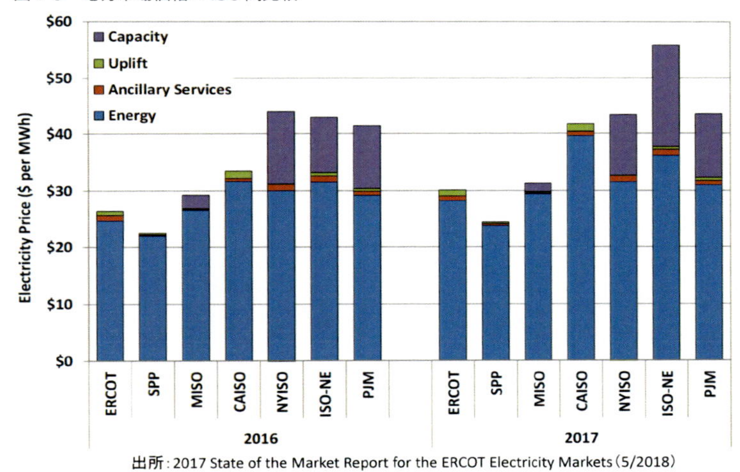

出所：2017 State of the Market Report for the ERCOT Electricity Markets（5/2018）

◆コンバインドサイクルガス火力収益性の市場間比較：容量市場のあるISOでは回収可能

図1-7は、コンバインドサイクルガス発電のネットレベニューを、ISOごとに比較したものである。ネットレベニューとは、販売収入から全所要コストを差し引いたものである。単位はMWh当りの年間収入である。再エネを除き、大規模発電では最も競争力があるコンバインドサイクルガス火力発電の投資回収が可能となる水準は100～120ドルとされており、NYISOと

PJMがこれを充たしている。容量市場（Capacity Market）が存在する市場の収益は高くなっており、発電事業者にとっては、容量市場の存在は有り難いと映るであろう。

図1-7　コンバインドサイクルガス発電net-revenueの市場間比較

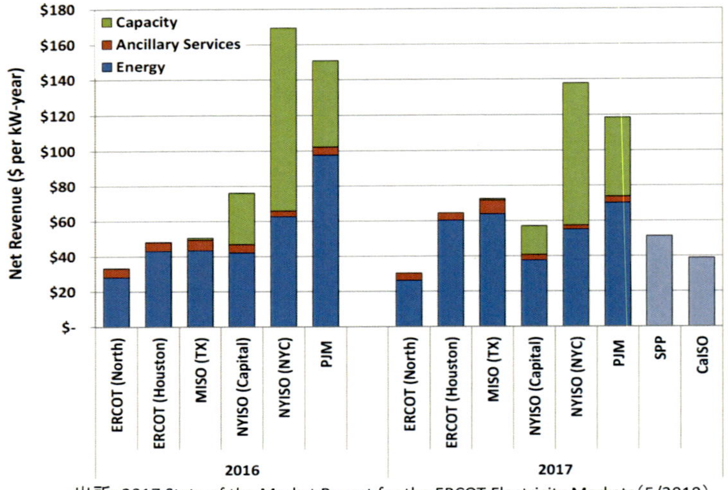

出所：2017 State of the Market Report for the ERCOT Electricity Markets（5/2018）

2016年と2017年の比較では、NYISO、PJMのネットレベニューの低下が目立つ。市場電力価格の水準は燃料価格、系統の混雑度合い等により変動するが、ペンシルベニア産の低コストシェールガスを燃料とする発電量が増加しているからと考えられる。ERCOTでは、北地区とヒューストン地区とで異なる動きがあった。北部のネットレベニュー水準が変わらない一方でヒューストンでは顕著に上がっている。これは需要地であるヒューストン向け潮流の混雑度合いが増したからである。ノーダルプライス（3.2節、4.3節参照）を採用している場合は、混雑の影響が小さくないことを示している。

◆小売料金は全米よりもテキサス州の方が低くなった

図1-8は、テキサス州の電力小売が競争的環境にあることを示すデータである。左のグラフは、2002年～2015年の小売料金の推移を示している。テキサス州は2002年に小売完全自由化に踏み切った。しばらく全米平均を上回っていたが、2008年以降は下回り、その格差は拡大してきている。同州の卸価格は低水準であるが、それを反映した小売水準となっていることが分かる。

右図は、テキサス州における2016年9月末時点の小売事業者数とその商品数について、送電会社エリアごとに示している。多くの事業者と多様な商品が存在することが分かる。

◆小売契約情報サイトPower To Chooseにみる競争の徹底

図1-9は、テキサス州で小売契約情報開示をサポートするウェブサイト"Power To Choose"の一画面である。スマートメーターを所有する配電会社が協力してウェブサイトを運営し、小売会社が情報を提供し、公益事業委員会（PUCT：Public Utility Commission of Texas）が内容

図1-8　小売電力料金の推移

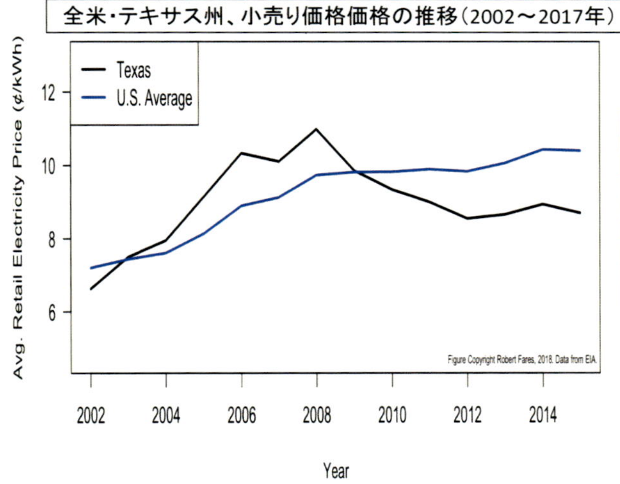

資料：EIA（出所：Scientific-American）

小売り事業者数と商品数（2016/9）

TDU Service Territory[3]	Residential Suppliers	Number of Products
AEP Central	52	355
AEP North	49	295
CenterPoint	55	400
Oncor	55	390
Sharyland – McAllen	14	103
Sharyland Utilities	22	155
TNMP	49	320

出所：PUCT：Scope of Competition in Electric Markets in Texas

を監視している。商品の内容が一覧性を持つようにフォーマットが統一されている。小売会社名、プランの項目、kWh当りで比較した価格、料金の詳細、特別な条件に分類される。

図1-9　小売契約情報サイトPower To Choose

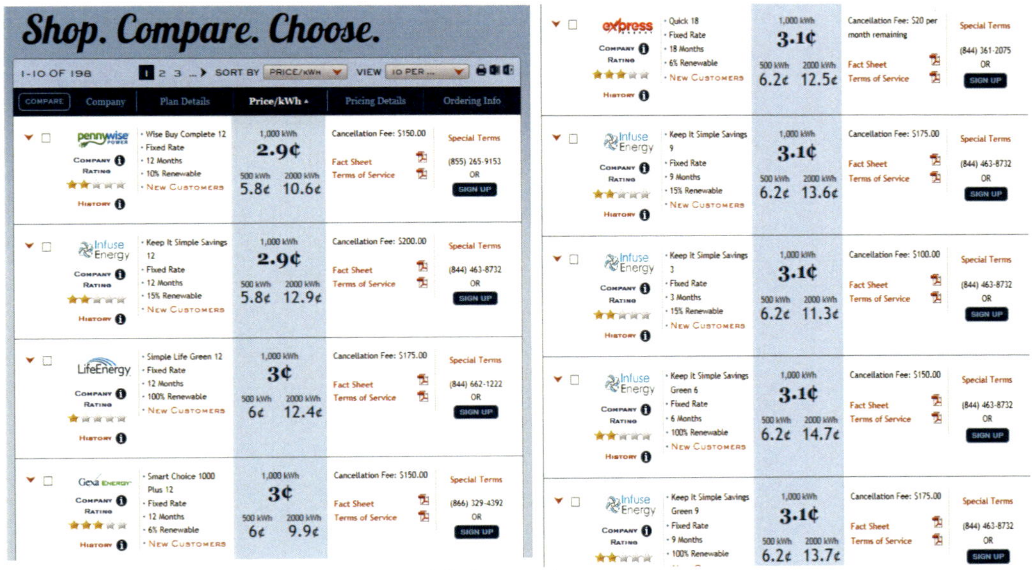

出所：Power-to-choose

項目には固定か変動か、期間、再エネ割合、新規契約時の条件、キャンセル費用等があり、簡単に比較できる。電力消費量に応じたkWh当り単価が一目で分かる。刻みは500kWh、1000kWh、2000kWhである。消費者は、自宅の郵便番号を入れると、そのエリアの情報を知ることができる。

第2章　テキサス州の再生可能エネルギー
－風力断トツ1位と再エネ価値の適正評価を生む秘訣－

本章では、テキサス州の電力情勢の続きとして、再エネ事情を解説する。自由経済の州であっても、再生可能エネルギーの普及は著しい。特に風力は、全米No.1の地位にある。風況や平地に恵まれていることもあるが、大規模風力専用送電線が整備されたことが大きく寄与した。自由経済のテキサス州としては珍しいことである。

遅れていた太陽光は、コスト低下や送電線混雑と流通コスト増大を背景に、本格的な普及途上にある。屋根置き太陽光は分散型資源の代表であり、既存システムとの調和が全米で課題となっているが、分散型の価値をどう評価するかがカギを握る。州都の市民電力会社であるオースティンエナジーは、全米が注目する太陽光発電電力買取条件「ソーラータリフ」を考案し、実際に運用している。これを紹介する。

◆市場原理で普及していく再生可能エネルギー

現在テキサス州には、再生可能エネルギー普及を促す施策は存在しない。同州は自由経済、価格メカニズムを重視しており、特定の産業に補助金等で支援するような政策は原則とっていない。温室効果ガス削減のため、まだ競争力が不十分であった再エネに対する支援策はあった。電力改革が取りまとめられた1999年に、RPS制度の導入も決まり、2002年に実行に移された。これは絶対量の目標であったが、2010年に前倒しで達成された。

その間、風力発電の開発計画に対して送電容量が大きく不足することから、特別に送電線建設を決めた。風力適地である北部、西部から需要地である中東部へ送る送電線を建設するものである。これはCREZ（Competitive Renewable Energy Zones）と称されるが、2009年に建設が開始され、69億ドルをかけて2013年に運用開始となった。このインフラ整備効果は大きく、風力の大規模導入に貢献した。

以降、州政府としての再エネ普及施策は打ち出されていない。競争力が付いてきているので、市場が判断するというスタンスである。当局は、今後も再エネは普及していくとみている。

2.1　全米No.1を誇る風力発電

テキサス州は、全米一の風力発電設備設置容量を誇る。2017年末の累積導入量は2000万kWに達しており、発電量に占める割合も17%を超える。計画事業が稼働すれは、2020年には3000万kWに到達する。技術別に変動コストを比較すると風力が最安になり、原発、石炭・天然ガスと続く。風力発電設備の7割は西部、北部に立地しているが、そこでの発電は夜間が中心となり、ピーク需要の充足にはあまり役に立っていない。残りの3割は南部で昼間にも風が吹くのでピーク需要対応に貢献する。

CREZとは、再エネ普及のために、風力適地である西部、北部と需要地である中東部を結ぶ大規模な送電線建設プログラムのことであるが、再エネ普及に大きな効果があった。風力普及を促したインフラ整備事業として、世界的に有名である。

◆風力発電設備設置容量は急激に増加し、2020年3000万kWも視野に入る

図2-1は、ERCOTエリア内における風力発電累積設置量の推移である。2012年に1000万kW、2017年に2000万kWを超え、2018年にはファイナンス決定済の計画を含めて2400万kWに達している。2020年には約3000万kWと予想される。2017年の発電電力量シェアは17%で、2018年には20%程度になると予想されている。これは全米で第1位、(国とすると) 世界で第4位の地位にあり、孤立系統であることを勘案すると金字塔と言える。

図2-1　風力発電導入量の推移と見込み（単位：MW）

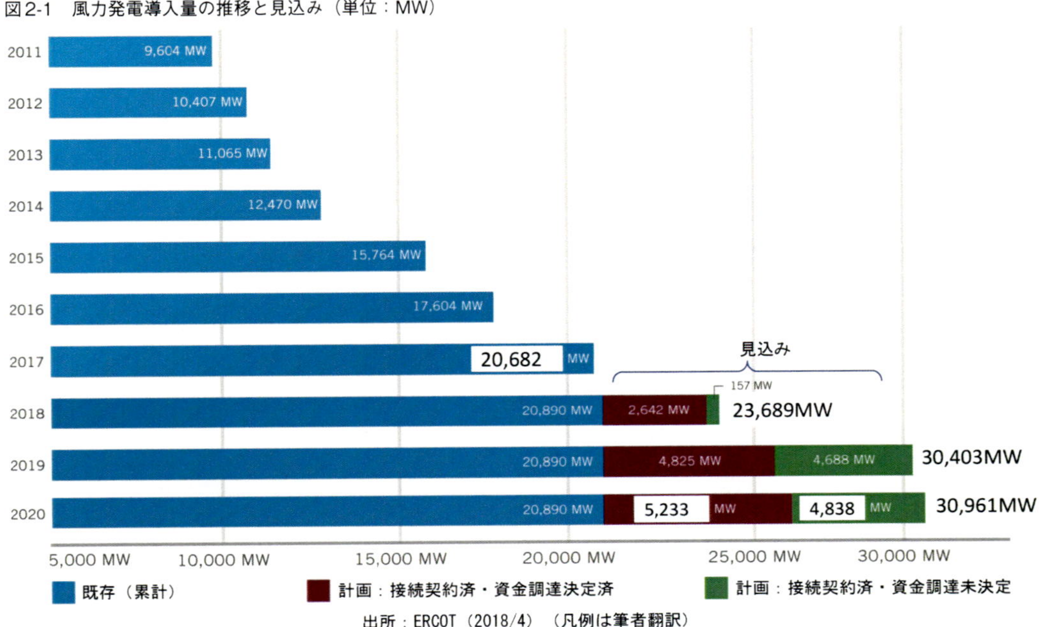

出所：ERCOT（2018/4）（凡例は筆者翻訳）

◆風力インフラ事業CREZの効果は巨大

テキサス州は、再エネに関して特に政策的に強く普及を促しているわけではない。前述のとおりRPS制度を導入したが、目標普及量を定めて2010年には達成している。一方、インフラに関しては、同州としては例外的に風力普及を目的とした整備を実施した。風況の良い地域は州北部と西部で、人口が少なく電力需要が小さく送電容量がもともと小さかったエリアであった。その一方で、大規模な風力発電の開発計画があった。州内の電力需要が東部、南部を中心に着実に増加していく中で、風力適地と需要地を結ぶインフラ整備は合理的な構想と言えた。北部、西部の地域振興・財政基盤整備にも寄与し、州内のバランスの取れた成長も期待できた。RPS目標の確実な達成も可能になる。そこで登場したのが大規模風力インフラ整備事業CREZ（Competitive Renewable Energy Zone）であり、この整備により風力発電は飛躍的に増加することとなった（図2-2）。

図2-2　CREZ風力送電線プロジェクト

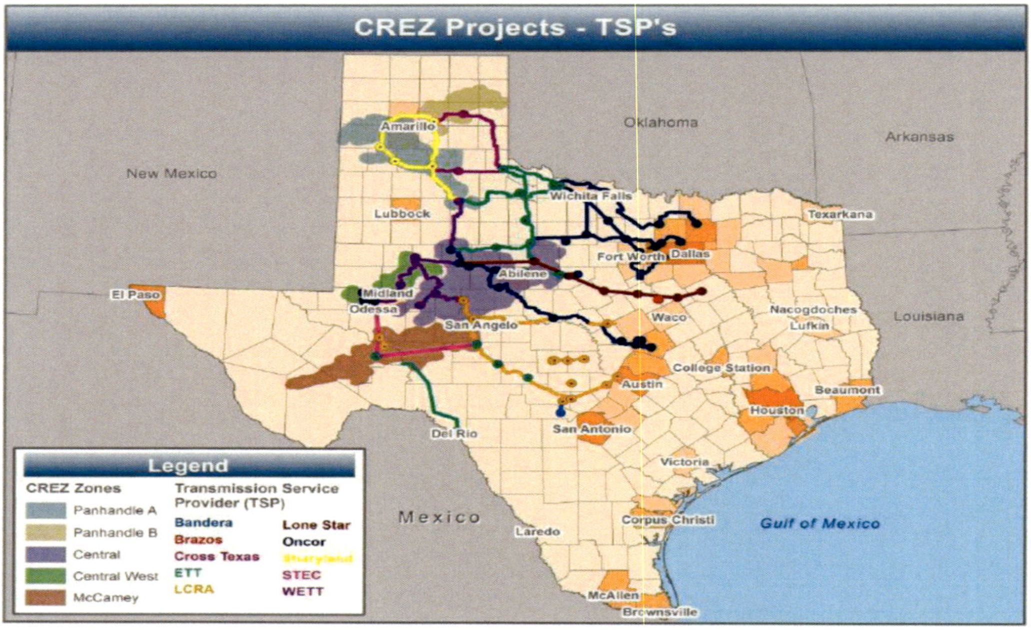

CREZ：Competitive Renewable Energy Zone　出所：PUCT

この計画は、州政府主導で実施に移された。CO_2削減やRPSの目標達成等を目的に2005年に決定され、2009年に着工された。州政府の決定に伴い、公益事業委員会（PUCT）が具体策を詰め、送電会社（TSP）に指示を出した。この間需給、立地、ルート、コスト、効果等の情報収集とシミュレーションをTSPの協力の下に実施したのが同州のISOであるERCOTである。

整備計画は、5つの開発ゾーンを定め、そこから東の需要地へ送電線を建設するものである。総延長3600マイルの345kV送電線で、送電可能容量は18.5GWとなる。総投資額は69億ドルを要したが、全てネットワーク使用料にて回収する。すなわち消費者が電気料金で負担する。これは2013年末に完成した。この完成により風力発電の出力抑制率は17%（2009年）から1%（2013年）に大幅に縮小する見通しとなった。このインフラ建設効果は大きく、風力発電の累積設置容量は2013年末の11千万kWから2017年末の21千万kWと顕著に増加し、2018年末には24千万kWとなり、2020年末には30千万kWを窺う状況である。

この事業は、自他ともに成功事例と認められている。成功要因としては、北部、西部には広大な平地があり、開発が比較的容易であったこと、ローンステートであるテキサス州は州内で規制等が完結することから、意思決定や工事が迅速に遂行できること等が挙げられている。

2013年末にCREZが完成し、大規模な風力建設が進んだが、現状では既に送電混雑が目立ってきている。しかし州政府には第2のCREZ構想はない。今後の開発は、風車単体の経済性だけではなく混雑コストをも含めた投資回収を念頭に意思決定されることとなる。実際に、投資コストの低下とも相まって、風況が良くなくとも混雑コストの低いエリアでの投資魅力が高まってきている。テキサスを訪問した2018年5月時点では、風力の競争力は高く、助成措置がなくとも今後も普及していくであろうとの見方が多かった。

2.2　分散型資源として伸びる太陽光発電

本節では、テキサス州における太陽光発電の状況を説明する。まだ導入規模は小さいが、コスト低減に伴い、その伸びは急激である。日本と正反対であるが、風力が市場を席巻しつつあるなかで、太陽光のピーク効果、夜型の風力との補完効果が注目されてきている。また、混雑の顕在化、流通コストの上昇を背景に、分散型のメリットが意識されるようになってきている。テキサス州でも太陽光の時代は到来しつつある。

◆遅れて来たが、今後主役となる気配

太陽光は累積で3000MW近く導入されている。テキサス州の再エネ開発は、コストの低い風力が圧倒的に先行した。市場原理が行き渡っている同州では、コストの低いものから開発が進む。テキサス州は、西部を中心に太陽光資源は豊富であり、コストが低下するにしたがって導入量は増えてきている。州都であるオースティン市のように環境に敏感な地域もあり、再エネ普及目標を持つところもある。太陽光発電のコスト低下に伴い、家庭用のような電力料金の高い領域は、オンサイト（屋根置き型自家発ソーラー）設置導入コストの方が次第に低くなってきている。

規模のメリットを有する発電所規模ソーラー（Utility Scale Solar）が開発の本丸と言えるが、最近は屋根置き（Rooftop Solar）だけでなく、分散型ソーラー（Distributed Scale Solar）が注目を集めている。

ERCOTシステムのポイントは、経済性（Economy）と信頼性（Reliability）を併せて追及するSCED（Security Constrained Economy Dispatch）であり、時々刻々の混雑管理による送電線の有効利用が徹底されている。この結果、次第に混雑する頻度が増えてきており、増強投資を含め流通コストが上昇してきている。

このことからオンサイトやコミュニティソーラーのような分散型エネルギー資源は、設置場所によっては流通コストを大きく削減できる可能性が出てくる。これは分散型の強みとも言える。エネルギーと流通コストをトータルで考えたときに、立地の自由度がある分散型のメリットが表に出てくるのである。また、コミュニティソーラーのように、配電ユーティリティ自らが開発に取り組む例も出てきている。オースティンエナジーのような発送配電一貫会社にとっては、合理的な選択となりうるのである。

◆太陽光発電は小規模ながら急激に増加

図2-3は、ERCOTにおける大規模太陽光発電事業（ユーティリティ規模）の累積設備導入容量の推移である。風力に比べてまだ小規模であるものの、急激に増加してきていることが分か

る。2011年にはわずか42MWであったが、2017年には24倍の1000MWに達した。2019年には計画中のものを含めると3000MWを超える。

図2-3　太陽光発電導入量（utility-scale）の推移と見込み（単位：MW）

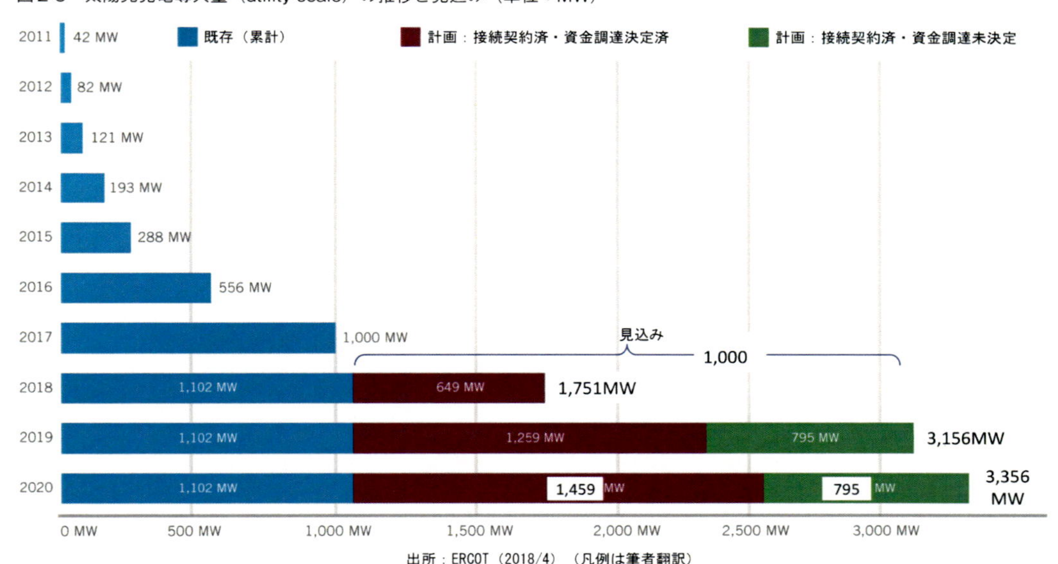

出所：ERCOT（2018/4）（凡例は筆者翻訳）

背景には、前述のとおりコストの急低下と、送電混雑によりコミュニティソーラー等オンサイトや需要の近場における立地メリットが顕在化していることがある。今後は、ピーク時の容量確保効果も評価されることになろう。

◆増加する分散型ソーラー事業

図2-4は、分散型規模（Distributed Scale）の太陽光発電所建設計画が活発に進められていることを示している。タイトルは「100MW以上の計画が進行中」である。特に州都であるオースティン市内およびその周辺に多いことが分かる。これは、同市が環境対策に熱心であること、送電混雑が顕在化する中で、流通コストを要さないあるいは混雑が生じないオンサイト立地のメリットが周知されてきたからと考えられる。

◆電力流通コストが増える中で分散型ソーラー設備の魅力が高まる

図2-5は、ISO/RTOがカバーするエリア（全米の約3/4）における電力小売料金の内訳の推移である。卸市場からのエネルギーコストとそれ以外との構成比である。卸市場から購入する（仕入れる）エネルギーコストは、2007年は67%と2/3を占めていたが、2016年には27%まで低下している。その他の大半は流通コストである。こうしたなかで、流通コストのかからないあるいは少なくて済む分散型の設備の魅力が高まってきている。

図2-4　100MW以上のDistributed Scale Solar事業が進行中（テキサス州）

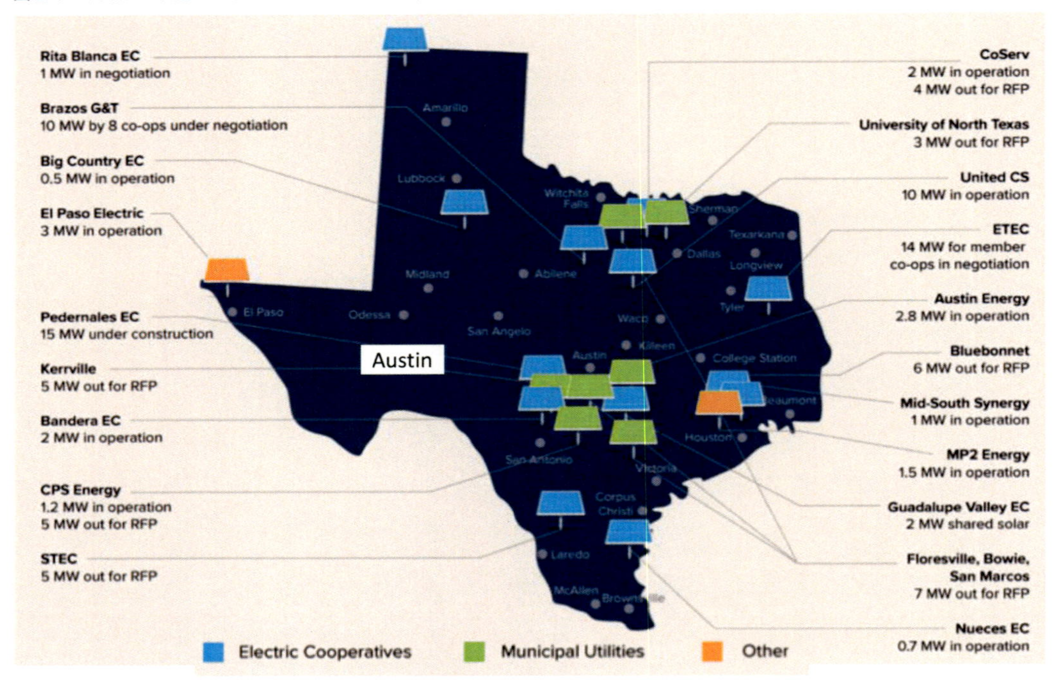

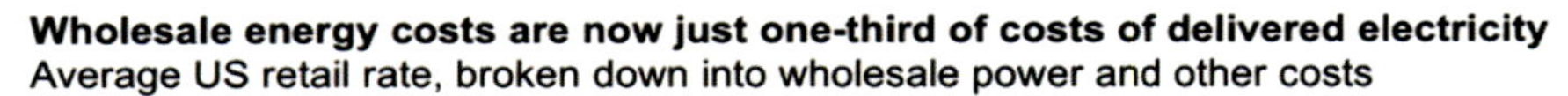
資料：Rocky Mountain Institute （出所：GreenBiz （2/28/2018））

図2-5　小売電力料金に占める卸コストの割合推移（全米）

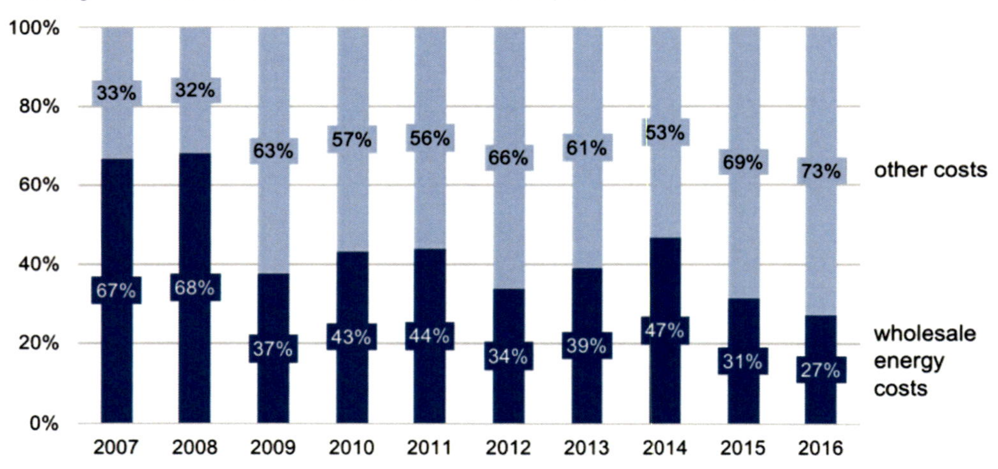

出所：GreenBiz（2/28/2018）

◆分散型ソーラーの送電コスト削減効果

図2-6は、テキサス州中部にあるCOOPが利用する出力0.99MW分散型ソーラーの回避可能費用（導入による費用節約可能コスト）の内訳である。エネルギーの割合は34%に過ぎず、44%が

送電費用となっている。ソーラーが地域の配電に接続されることにより、遠方から送電線を経由して調達する機会が減ることによる送電コスト削減のメリットが大きいことを示している。

図2-6　分散型ソーラーの経済便益（0.99MW、中央部のCOOP）

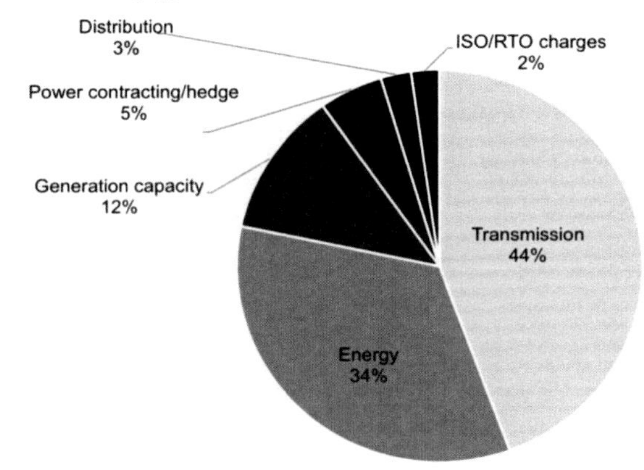

出所：GreenBiz（2/28/2018）

2.3　テキサス州都オースティン市が創造したソーラー価値

本節では、テキサス州都オースティン市の公営電力会社オースティンエナジーが考案し、実施しているソーラータリフ制度VOST（Value of Solar Tariff）について解説する。分散型リソースの代表であるRTS（Rooftop Solar）の普及は温室効果ガス削減、環境意識の強いプロシューマーの登場等の効果を生む一方で、既存システム維持への懸念も生じるなど課題も出てきている。VOSTは、RTSのリアルバリューと既存システムの維持とが並び立つ制度である。このシステムは全米から注目を集めている。2019年問題で家庭用太陽光発電の利用を巡り多くの議論が行われているわが国においても参考になると考えられる。

2.3.1　オースティンエナジーVOSTのポイント

◆どうしてオースティンエナジーなのか

オースティンエナジーは、州都オースティン市の市営電力会社である。垂直統合型のPOU（Public Owned Utility）で小売は地域独占である。ERCOTの卸取引市場に参画しており、発電事業、小売事業はそれぞれの部門で利益最大化を目指している。一方で、市民が運営する公益事業であり、州の公益事業委員会（PUCT：Public Utility Commission of Texas）の規制からは独立しており、料金制度をはじめ自ら規則を決めることができる。また、自由競争を重んじるテキサス州のなかでは環境意識が強く、野心的な再エネ普及目標を立てている。例えば、オースティンエナジー発電部門は、2020年までに確保するリソースの6割は再エネとする目標を持つ（容量ベース）。

オースティンエナジーは、垂直統合型の電気事業者として持続可能性と、市民の合意に基づく目標実行に目配りした経営を遂行していく必要がある（図2-7）。利益確保と市民意向に沿った運営というある意味で二兎を追うことになるが、自らルールを決めることができる特長を活かして、創意工夫を凝らし、新たな時代に対応した全米の先駆けとなるルールを創造している。その代表例が「ソーラータリフ」である。

図2-7　オースティンエナジーのロゴマーク

Customer Driven.
Community Focused.SM

出所：Austin Energy

◆ルーフトップソーラーの光と影

再生可能エネルギー導入拡大は推進すべき政策である。オースティン市は必ずしも風況に恵まれていない一方で日射量は多く、市内における再エネ推進は太陽光に重点が置かれることになる。特に屋根置き発電（RTS：Rooftop Solar）は市民に直接関わることもあり、重点施策となっている。テキサス州はRPS制度を導入したが2010年には目標を達成し、終了した。全米では、RTSの余剰電力分を、需要家が系統から購入した消費量分から差し引いた量だけに料金を課する「ネットメータリング制度：NEM（Net Energy Metering）」が普及している。これは、余剰電力を電気料金で引き取ることを意味する。

RTS保有の需要家にとってはメリットのある制度で、RTS普及を後押しする。一方、系統を通じての供給量が減ることから、他の発電設備の稼働率低下要因となる。また、送配電会社のネットワーク料金の減少要因となり、流通設備の維持に支障を来す懸念も出てくる。ネットワーク料金を上げればより一層RTSが普及し、悪循環に陥る懸念もある。いわゆるデススパイラル問題である。

◆ネットメータリングの課題

こうした問題は、RTSが普及している全米で共通に見られる課題であり、見直しを含めて議論が生じている。オースティン市では、NEMの課題について、次のように分析している。

・ルーフトップソーラー（RTS）の多様な価値が反映されず、ソーラー普及や利用率向上意欲の障害になる。
・ソーラー自家消費の価値が分かりにくく、利用率向上や省エネ意欲の妨げになる。
・ネット需要への料金適用は省エネ意欲の妨げになる[1]。
・ユーティリティの経営基盤が不安定になる。
・RTSの所有者と非所有者とで不公平が生じる。

◆課題を克服するソーラータリフVOST

このような状況下でオースティンエナジーが考えたのがソーラータリフの価値（VOST：Value of Solar Tariff）である。ポイントは、以下のとおり。

・全てのRTS価値を数値化しそれに見合うタリフとする（クレジットを給付）。
・需要家の全消費量に電力料金を課す。
・RTS非設置者にコミュニティソーラーを用意。

要するに、太陽光発電の価値は、自家消費しようが余剰分を系統に販売しようが同一であり、

1. 結果的に請求書の請求金額が小さくなり、電力消費抑制の動機が小さくなる。

発電電力量に対して付与すべきである。発電総量に対して正しい便益を評価した単価（クレジット）を付与すれば、分かりやすく、普及を後押しする。また、インフラ（系統）は、電力量を供給するだけでなく、自家発電故障時等のバックアップやRTS等を保有していない需要家を含めて地域の安定化に貢献しており、所要費用は回収される必要がある。コミュニティソーラーは、中小規模の分散型の発電所であるが、オンサイトのRTSと類似の便益が期待でき、またRTSを保有する余裕のない需要家も参画できることから、不公平を解消するためにも必要である。このように考えたのである。

2.3.2 オースティンエナジーVOST誕生の経緯

◆VOSTをどのように考案したか

市営電力会社であるオースティンエナジーは、設備や人材、ノウハウを含めて市民の財産であるとともに、市民の意向を反映して電気事業を営むことになる。RTS普及が市民の選好である一方で、自家発・自家消費の拡大は、電力会社の発電設備から流通設備を経由して届けるという従来のモデルに支障を来す懸念もある。そこで、市民を巻き込んだ議論となり、新たな時代に適したルールを構築するに至った。その核となるのが電力料金制度（タリフ）である。

前述のように「分散型資源、オンサイト資源の価値・便益をどう評価するか」、「分散型システムが普及するなかでインフラのあり方をどう考えるか」、「市民はインフラの価値をどのように評価してその維持費用を負担するか」等について、時間をかけて真剣に議論してきた。その結果生まれたのがソーラータリフであるVOSTである。以下で、少し詳しく検討経緯等を解説する。

◆分散太陽光の様々な価値を考える

ソーラー価値の判断、クレジット単価（買取単価）設定の前提として、ガス火力等他の資源を利用したときの価値と同価値（メリットパリティ）という考え方を採用する。オースティン市全体の太陽光発電の電力量を、設置地点や設置場所や角度をシミュレーション（予想）して決める。設置地点の特定により送電ロス節約や投資節約等を推測する。エネルギー価値、ピークシフト（キャパシティ）価値は卸市場価格を、環境価値はRPS制度におけるREC（Renewable Energy Certificate）を参考にする。

ソーラー価値は、太陽光発電が持つ多様な価値を反映させるとともに、市の導入目標達成をもにらんで決める。高くなると設置が増えてオースティンエナジーの負担が重くなり電力料金の大幅引き上げとなりかねない。一方で、ソーラー価値を低く評価すると市の導入目標未達となる。それらをにらんで価値を決める。クレジット単価は、投資回収が見込める水準でないと誰もプログラムを利用しない。天然ガス価格の将来予測の影響を受けるが、パネルの普及や価格の低下を織り込んで、クレジット単価は低下していくことになる。家庭用では、2012年導入当初は12.8セント/kWhであったが、2018年には9.7セント/kWhとなっている。

◆米国ソーラー普及制度の概要と課題

オースティンエナジーは、ソーラー価値を反映する単価を考察する際に、既存制度と比較検討した。米国では、太陽光発電を推進するための多くの制度がある。連邦政府では、初期投資の3割を税額控除できる制度（ITC：Investment Tariff Credit）を用意している。各州政府をみると約30州が小売会社に再エネ割合を義務付けるRPS制度を導入している。また、約40州が太陽光発電の自家消費後の余剰分を小売会社が引き取り、その分を請求より控除するネットメータリング制度（NEM）を導入している。ITCは段階的に廃止される予定で、NEMは単純な小売料金による引き取り（相殺）の見直しが検討されている。

NEMは、通常一定の枠が設けられており上限に達すると小売料金による買い取りは消滅し、回避可能費用による買い取りへの移行が予想される。RPSによる環境価値（REC）と回避可能費用とによる収入で投資を回収するという構図になる。この回収水準では太陽光発電設置が進むのか、太陽光の便益を反映しているのか、という問題が生じる。一方で、NEMは太陽光非設置需要家に対して不公平に負担がかかる、配電設備投資の回収に支障が出る等の問題点も指摘されていた。

◆2006年に提言、2012年に開始

オースティン市は、これらの課題解決を目指して、2000年代中頃より研究を重ね、2006年に提言をまとめ、2012年よりVOST（Value of Solar Tariff）との名称で、NEMに替わる制度として導入している。オンサイト太陽光の価値を適切に反映し他の資源とのバランスの取れた普及促進、既存設備の投資回収、市民電力会社の活用と経営維持等の同時解決をにらんだ制度設計となっている。

以下、オースティンエナジーの試算データ、料金請求書見本により、具体的なイメージをつかんでみよう。

◆オースティンエネルギーが試算したソーラー価値は2012年で13セント/kWh

図2-8は、オースティンエナジーによるエリア内ソーラーの価値計算である。ソーラーには複数の価値があるが、ここではエネルギー、容量（ピーク時稼働）、環境、送配電投資節減、ロス削減を採用している。またソーラーは場所・配置・角度により各種価値が異なる。これら全ての要素を勘案して価値を計算している。2012年時点であるが、kWh当り13セント前後の価値があり、西向45度が最も高くなっている。同社は、こうした計算を実施して、実際にソーラータリフを決めている。

◆オースティンエナジーの請求書：ソーラーの価値（Credit）は電力料金（Charge）と同等

図2-9は、オースティンエナジーのソーラータリフ（VOST）の実例である。2018年1月17日と2月13日の検針記録が示されており、その差が26日間の使用量となる。オースティンエナ

図2-8　太陽光発電の価値（要素別、配置別）

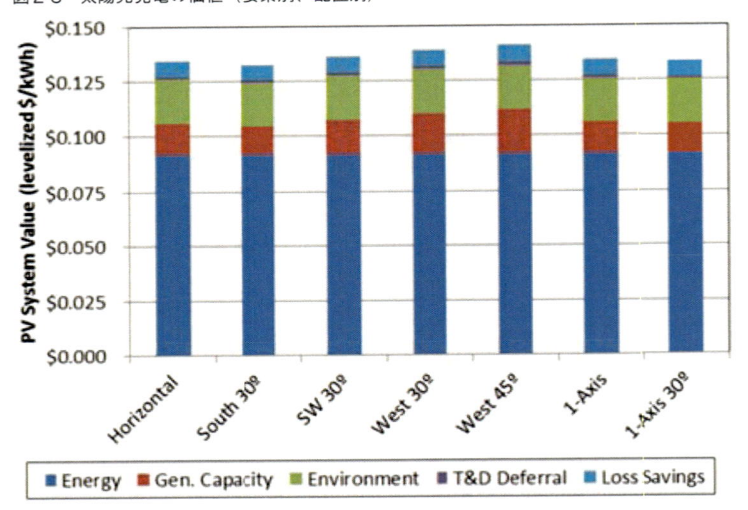

ジーは小売・配電会社であるが、同社がこの需要家から受け入れた（Received）量が278kWh、供給した（Delivered）量が632kWh、ネットの供給量は355kWhである。当期の太陽光発電量は681kWhである。

図2-9　オースティンエナジーのソーラータリフ（VOST）

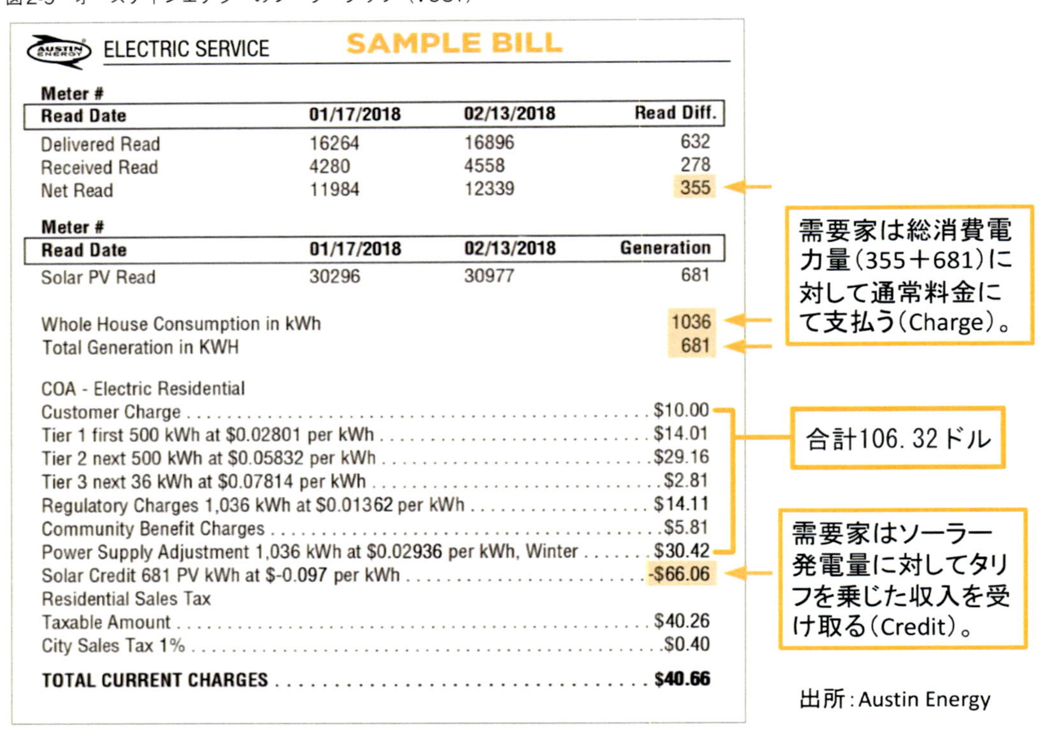

AUSTIN ENERGY　ELECTRIC SERVICE　SAMPLE BILL

Meter #

Read Date	01/17/2018	02/13/2018	Read Diff.
Delivered Read	16264	16896	632
Received Read	4280	4558	278
Net Read	11984	12339	355

Meter #

Read Date	01/17/2018	02/13/2018	Generation
Solar PV Read	30296	30977	681

Whole House Consumption in kWh	1036
Total Generation in KWH	681

COA - Electric Residential

Customer Charge	$10.00
Tier 1 first 500 kWh at $0.02801 per kWh	$14.01
Tier 2 next 500 kWh at $0.05832 per kWh	$29.16
Tier 3 next 36 kWh at $0.07814 per kWh	$2.81
Regulatory Charges 1,036 kWh at $0.01362 per kWh	$14.11
Community Benefit Charges	$5.81
Power Supply Adjustment 1,036 kWh at $0.02936 per kWh, Winter	$30.42
Solar Credit 681 PV kWh at $-0.097 per kWh	-$66.06
Residential Sales Tax	
Taxable Amount	$40.26
City Sales Tax 1%	$0.40
TOTAL CURRENT CHARGES	**$40.66**

出所：Austin Energy

需要家の総消費電力量はネット供給量355kWhと太陽光発電力量681kWhの和の1036kWhであるが、この自家消費総量に対して各種タリフが課されて電力料金は106.32ドルとなる。これを単純に使用電力量で割ると10.26セント/kWhとなる。一方ソーラー総発電電力量681kWhに対してソーラー価値を反映したタリフ9.7セント/kWhにて支払いを行うが、総額66.06ドルとなる。ソーラータリフと料金タリフの差は5%程度であり、ほぼ料金と同じ価値ということになる。「価格」という面ではNEMと差はないのだが、太陽光発電の自家消費分の価値がそれぞれ表に出てくるという面で差違が生じている。オースティンエナジーの電気料金は、使用量が増えるに従ってTier 1、Tier 2、Tier 3と段階的にkWh単価が上がるシステムとなっている。NEMと異なり、全自家消費量が課金対象になることで、省エネマインドが刺激されることにもなる。

◆分散資源普及のモデルケース

オースティン市のVOSTの取組みは、太陽光等分散資源の普及、既存インフラおよび配電会社（電力ユーティリティ）の効率的な運営等の課題に直面する多くの地域のモデルケースになりうるという評価を得ている。

筆者は、2018年5月に米国を訪問したが、テキサス州公益事業委員会（PUCT）をはじめとして、複数の訪問先がオースティン市の取組みを評価していた。オースティンエナジーは、市営電力会社（Public Owned Utility）であり、小売事業を独占しており料金は市で決めることができる。テキサス州は、完全小売自由化を実施しており、小売事業者の判断次第ということであろう。

屋根置き太陽光が普及している海外では既に同様の活発な動きがある。エネルギービジョン改革（REV）を進めるニューヨーク州は、分散資源DER普及とデススパイラル解消に向けて、太陽光等の価値を評価することでローカル市場取引を実現しようとしている。ミネソタ州政府は、VOSTの導入が選択肢の一つであることを認めたが、実際の導入には時間がかかるようではある。

2.4　太陽光発電の価値は市場価格の2倍：2019年問題の考え方

筆者は、オースティンエナジーが考案・実施した屋根置き太陽光発電の価値とそれに見合うタリフ（クレジット）について、日本の家庭用ソーラーの固定価格買取制度の期限が終わる「2019年問題」を意識しつつ、京大コラム[2]にて解説した。本節は、そのコラム原稿に加筆修正したものである。

2.4.1　2019年問題とルーフトップソーラーの価値

◆2019年問題

2019年問題が注目を集めている。家庭用太陽光発電の10年間のFIT期限切れにより、2019年より余剰電力は市場での販売となる。最高でkWh当り48円で販売できた電力の販売価格は売り手と買い手との間の交渉で決まり、FIT価格から大きく低下することが予想される。卸市場価格は約10円である。回避可能費用として燃料費相当分との判断もありうる。天候により変動することを評価しない買い手も出てこよう。あるいは、再エネ普及を快く思わない場合は購入しない可能性もある。誰も買い手が付かない場合は送配電会社がゼロ円で引き取る、ことも決まっている。最悪の場合、所有者は発電設備を撤去する、発電を止めてしまう可能性も否定できず、再エネ普及に黄信号が灯ることになる。

◆ルーフトップソーラーの多様な価値

家庭用等ルーフトップソーラー（屋根置き太陽光発電）の価値を考えてみる。まず電気の価値がある。卸市場価格相当と考えられる。次にCO_2を排出しない環境価値がある。FIT期限切れにより正式に環境価値を持つようになる。FIT電源に封じ込められている環境価値を市場に出す目的で、2018年5月に非化石価値取引市場が始まった。入札最低価格はkWh当り1.3円に設定されている。また、ピーク時に出力が大きいので、ピーク需要削減効果（発電容量削減効果）がある。卸市場のピーク時価格が参考値となる。災害時に相当時間発電できる防災効果がある。卸市場は、正常に機能していれば高騰（スパイク）する。東日本大震災時には、なぜか市場は閉じられた。

さらに、オンサイト設備なので流通コスト削減効果がある。送電ロス5～7%を節約できるがこれは電気価値の増加も意味する。特に潮流を読んで混雑を解消するような立地であれば、供

---

2. 京都大学大学院 経済学研究科 再生可能エネルギー経済学講座 コラム連載「再エネを語る。未来を語る。」http://www.econ.kyoto-u.ac.jp/renewable_energy/occasionalpapers 太陽光発電の価値は市場価格の 2 倍超 2019 年問題の考え方（2018 年 6 月 14 日）http://www.econ.kyoto-u.ac.jp/renewable_energy/occasionalpapers/occasionalpapersno79

給側の投資削減効果がある。インバーターを少し高度化すれば電圧調整が可能となる。

火力発電価格はボラティリティの大きい燃料価格の影響を受けて変動するが、燃料を要しない資本費のみのソーラーは長期固定価格での取引に向いており、価格変動ヘッジ効果がある。買い手だけでなく、本来売り手も燃料費変動リスクを負う。日本は燃料費調整制度と称する世界でも珍しい制度があり燃料費変動は需要家に転嫁できるが、当制度はいつまで続くか分からない。

これらの価値を評価すれば、ゼロ円引き取りという発想はまず出てこない。分散型時代、分散型システム構築が必要と言われるが、言葉だけで真に認識されているか疑問である。系統への逆潮流は困る、余計な投資がかかる、天候次第の発電は迷惑等の思いが深層に存在するのではないか。

2.4.2　テキサス州オースティンエナジーのソーラークレジット

◆米国でのルーフトップソーラー普及に伴う議論

米国では、州レベルでは再エネ普及に積極的である。ニューヨーク州とカリフォルニア州では、2030年までに電力消費シェアで50%が法律で義務付けられている。ハワイ州では2045年までに100%としている。州政府等の支援策は主にRPSとネットメータリング（NEM）である。RPSは、小売会社に一定の再エネ比率を義務付ける制度であるが、30州（含むワシントンDC）が導入している。NEMは、ルーフトップソーラーに関して、小売が自家消費を除く余剰分を購入し、その分を供給量から差し引いて料金を請求する制度であるが、44州で採用している。

ルーフトップソーラーは、政策的な人気も高く、独自に補助金を設ける自治体もあり、各地で着実に増えている。それに伴い、様々な議論が生じている。NEMにより、請求できる供給量が減り、流通コストをカバーするべく料金が上がり、それがさらにソーラーの増加を招くとのいわゆるデススパイラルの指摘である。ソーラーを設置しない者に過度の負担がかかるとの指摘もある。一方、NEMはソーラーの持つ多様な価値の一部をカバーするのみであり評価は不当に低い、との反論もある。

◆テキサス州オースティン市が考案した新制度VOST

テキサス州都のオースティン市と市営会社オースティンエナジーは、これらの課題解決を目指して、2012年よりVOST（Value of Solar Tariff）との名称で、NEMに替わる制度を導入している。独自にルーフトップソーラーの価値を評価し、全発電電力量をkWh当り10セント程度で購入する一方で（クレジット）、全消費電力量に見合う通常料金を徴収する（チャージ）制度を導入しており、モデル制度として全米の注目を集めている。メーターは系統との出入りを計るもの、太陽光発電電力量を計るものの2つを設置する。

オースティンエナジーは、独自のシミュレーションで多様な太陽光発電の価値を計算する。前述した多様な価値の中で発電、送電ロス節約、ピークシフトによる電源投資節約、環境、オンサイト立地による流通投資節約、燃料価格変動ヘッジの価値を試算して、これを総太陽光発電電力量に係るクレジットとして需要家に提供する（表2-1）。

表2-1　ルーフトップソーラーの価値

価値	米国での対応	参考値
発電	卸市場価格：限界費用	
送電（ロス）節約	ネットメータリング	
ピークシフトによる電源投資節約	なし	卸市場価格：ピーク
防災	なし	卸市場価格：スパイク
環境	RPSの価値（RECs）	
オンサイト立地による流通投資節約	なし	LMPs：混雑コスト
燃料価格変動ヘッジ	なし	長期売買契約PPA 先物市場価格

注）RPS：Renewables Portfolio Standard、REC：Renewable Energy Credit
LMPs：Locational Marginal Prices、PPA：Power Purchase Agreement
出所：オースチンエナジー等の資料を基に山家作成

オースティンエナジーは、2006年にこの考え方を提示し、2012年度より実施している。そのときに試算した価値を示したのが図2-10（図2-8再掲）である。西向き30度勾配が地域の一般的な設置形態であるが、この価値は12.8セント/kWhである。発電（Energy）価値は卸市場価格に太陽光出力の出現状況を加味したものである。なお、2011年の年平均卸価格は4.4セントであるが、ピーク時に多く発電する実態を織り込むと6.1～8.2セントの価値になる。市場価格の低下を主因に、クレジット単価は年々低下し、2018年1月現在で9.7セントとなっている（平均電力料金は10.3セント）。

多くの地域において、ソーラー等分散資源の便益測定と普及、既存インフラおよび配電会社（電力ユーティリティ）の効率的な運営等の課題に直面しているが、その解決のモデルケースになりうるとの評価を得ている。ミネソタ州政府は、VOSTの導入を選択肢の一つとして認めたが、ユーティリティが実際に導入するには時間がかかるようである。筆者は、5月に米国を訪問したが、テキサス州公益事業委員会（PUCT）をはじめとして、複数の訪問先がオースティン市の取組みを評価していた。

日本政府は、FIT期限切れに伴い設備が撤去され、再エネ普及の支障が生じることを懸念している。ルーフトップソーラーの持つ多様な価値を評価し、それを喧伝することに注力することを提言したい。

図2-10　太陽光発電の価値（要素別、配置別）（図2-8再掲）

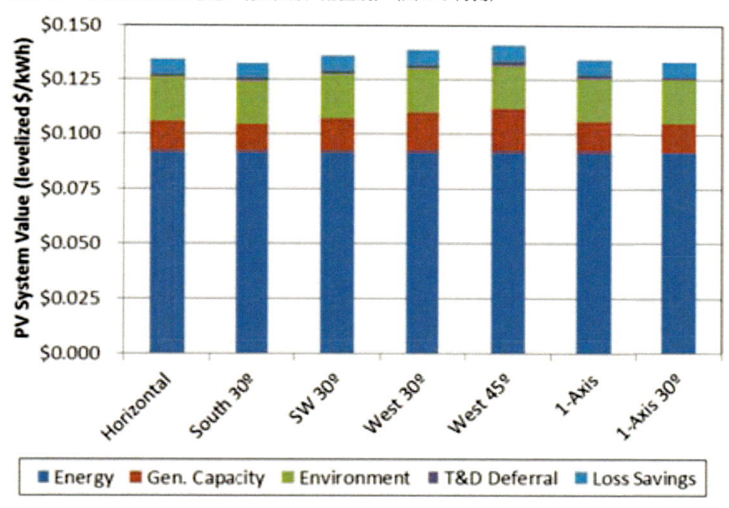

3

第3章　ERCOTのエネルギーオンリーシステム

◉

テキサス州は、米国の中でも最も革新的な電力システム設計となっている。世界的に見ても先陣を切っていると言える。その要に位置しているのが、卸取引市場と系統を運用する権限を有するERCOTである。ERCOTの理解なくして、テキサスの電力事情は語れない。

本章では、このERCOTの概要とシステム上の特徴である「エナジーオンリーマーケット(Energy Only Market)」、その代名詞であり、信頼度維持・混雑管理と経済性を充たす最適な需給調整システムであるSCED（Security Constrained Economy Dispatch）について解説する。

3.1　ERCOTの概要：テキサス電力システムの要となる市場・系統運営機関

3.1.1　ERCOTとは何か

◆ERCOT、テキサス州のISO

ERCOT（Electric Reliability Council of Texas）を直訳すると、「テキサス電力信頼度協議会」となる。1960年代に発生した大停電を機にできた北米電力信頼度協議会（NERC：North American Electric Reliability Corporation）のテキサス州支部であり、今もその機能は残っており、名称も続いている。

1990年代の電力自由化のトレンドの中で、テキサス州は、独自に完全自由化を基盤とする電力制度改革に踏み切る。地域独占の垂直統合型電力会社の分離、発電と小売の完全自由化が決まっていく中で、9社存在した送電事業者（民間電力会社の送電部門）の運用について一元的に委託を受けるとともに卸市場を運営するISO（Independent System Operator）となる（その両方を兼ねている）。州政府のインフラ規制執行機関であるPUCT（Public Utility Commission of Texas）とならんでエネルギーシステムの要となる組織である。「ERCOT」は、組織の名称であるとともにテキサス州の市場運用、系統運用そのものをも意味する。

◆テキサスモデルの担い手

米国では、エネルギー政策は基本的に州政府が責任を負っており、州ごとに制度が異なる。各州にまたがる分野、電力では卸取引および送電線建設・運用となるが、これは連邦政府の管轄となる。送電線の運用について送電会社から委託を受ける機関であるISO（複数の州にまたがる場合はRTO）は、連邦政府（FERC）の管轄に入る。

一方、テキサス州は、前述のように系統が孤立し、卸市場が州内で完結している。"Lone Star State"の精神で自主独立の機運が強いことを背景に、電力制度・規制は、連邦政府の管轄下にはなく、自身で決めることができる。機敏に州民の意向を反映した制度を決め、実施できる。これは強みでありアイデンティティであるとの意識が強い。

また、共和党の牙城であり、競争と自己責任が重視される等の特徴がある。これが、小売を含めた完全自由化、完全アンバンドリング、効率性・透明性の源泉である短期卸市場に全てを委ねる市場運営等に反映されている。小売会社を変更したことのあるスイッチ率は約9割で、スマートメーター設置率は8割を超えている。これらを背景に、電力システムに関しても以下のような他州とは異なる特徴を持つ。その中心に存在するのがPUCTとERCOTである。

・規制、系統は州で独立
・発送配小売分離（アンバンドリング）
・エネルギーオンリーマーケット：容量市場はなく予備力確保を含め短期卸市場のみで運用
・小売完全自由化

◆日系企業がテキサスで活躍している理由

別な観点から見ると、「孤立系統であること」、「近代化の中にローカル意識が強いこと」などは、日本との類似点が多い。トヨタをはじめ多数の日系企業が同州に進出しており、その存在感は大きい。厳しい競争原理が貫かれる社会であるが透明性、公平性、効率性が担保されており、メキシコはじめ中南米諸国からの移民も多く、電力を含むインフラコストが安く、外部の者にとっても活動しやすい環境にある。

3.1.2 図表で見るERCOTの姿

◆ISOとしてのERCOTの特徴

図3-1、図3-2は、ERCOTの位置付けを示している。ERCOTは、いまでこそ米国を代表するISOであり、卸市場や系統の運用を行っているが、もともとは、北米電気信頼度協議会（NERC：North American Electric Reliability Corporation）の地方支部として、信頼度にかかる情報を本部にレポートする役割を担う組織であった。ERCOT（Electric Reliability Council of Texas）という名称もそれに由来する。NERCは、北米という名称が示すとおり、米国だけでなくカナダもカバーする。

また、1999年のテキサス州の自由化を定めた州法制定により、ERCOTは、ISOの役割を付与され、2002年より実行に移される。

◆テキサス州の電力系統エリアとERCOT

図3-3は、ERCOTがカバーするエリアを示している。ERCOTは、テキサス州全域をカバーしてはいない。西端はWECC（The Western Electricity Coordinating Council）、北端と東北端はSPP（Southwest Power Pool）、東端の一部はMISO（Midcontinent ISO）のエリアとなっている。また、他のエリアと連系する箇所が6カ所あるが、全て直流で連系されており、他のエリアと同期はしていない。これは、連邦政府から系統の独立を守るためである。連邦エネルギー規制委員会FERCの規制・管理の下に置かれたくないからである。州の自由度を守ることが大きな価値となっている。

外国であるメキシコと交流で連系する構想もある。しかし、メキシコは、大西洋岸のバハ・カリフォルニア州が米国のカリフォルニア州と交流で連系する計画がある。その場合、メキシコとの連系はカリフォルニア州およびその隣接州を経由してテキサス州と同期することになり、FERCの管轄下に入ることになりかねない。この可能性を懸念している。これほどまでに州と

図3-1　NERCマップ

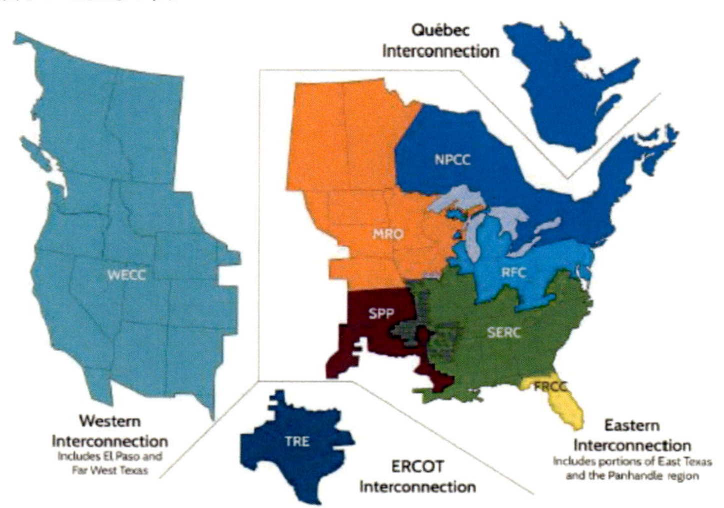

NERC：North American Electric Reliability Corporation
（北米電気信頼度協議会）

出所：ERCOT, NERC-Interconnection

図3-2　ISO、RTOマップ

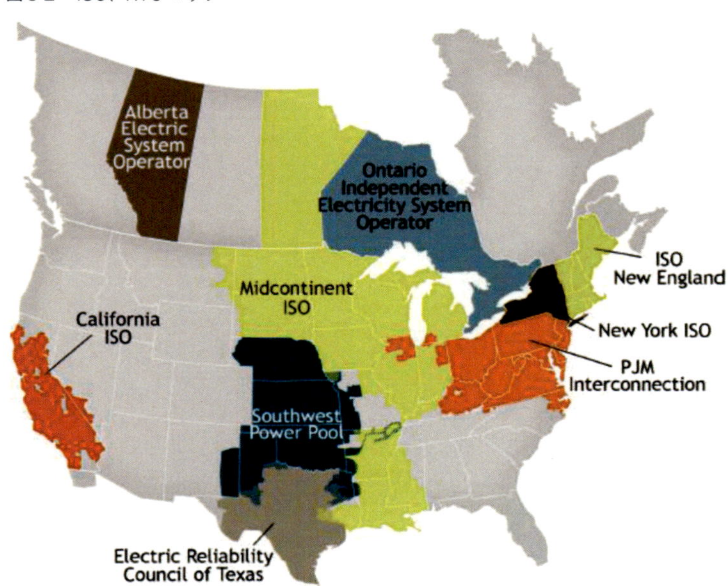

NERC：North American Electric Reliability Corporation
（北米電気信頼度協議会）

出所：ERCOT, NERC-Interconnection

しての独立を維持することに価値を置いている。

なお、北部では、風力発電を他州に送ることを想定した直流連系線建設構想がある。テキサス州は断トツの風力発電開発州であり、まだまだ風況の良いエリアは多い。送電線の容量が不足してきており、開発量が今後鈍化していくこともありうる。一方で、RPS義務量確保等再エ

図3-3　テキサス州の電力系統エリアとERCOT

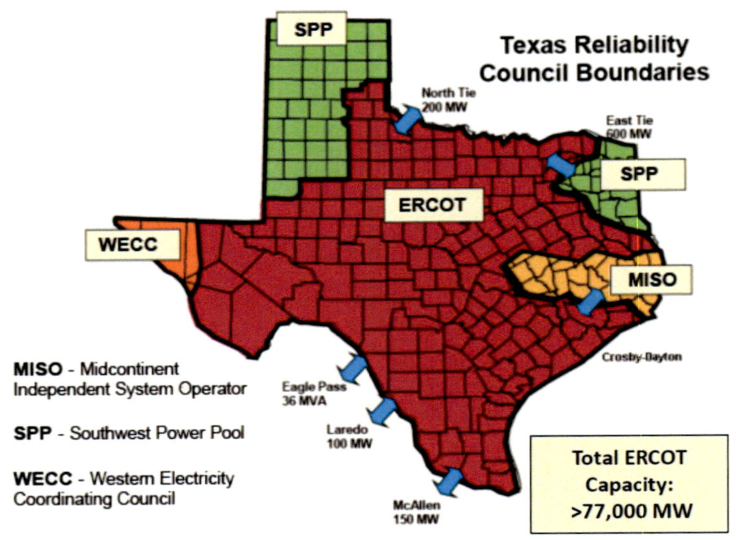

出所：ACAT, the Wholesale Electric Market in ELCOT 2017

ネ需要の多い州は多い。このため、風況の良い北部と再エネ需要の旺盛な近隣州を結ぶ直流連系線建設計画（サザンクロス計画）が出てきている。

◆ERCOTの実態を数字で把握する

図3-4は、ERCOTに関する基本的なファクトである。

図3-4　ERCOTの概要

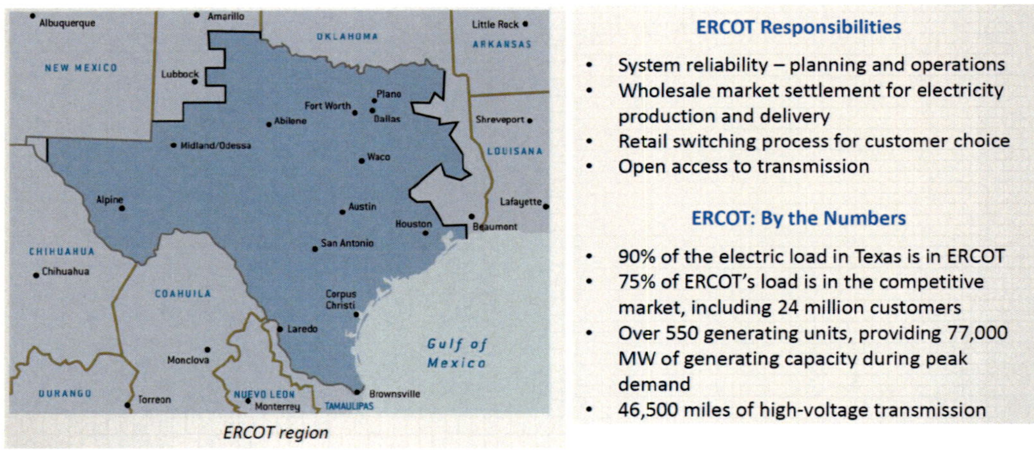

出所：ACAT, The Wholesale Electric Market in ELCOT 2017

ERCOTの責務として4項目を列挙している。

①供給信頼度維持：系統に係る計画と運用。

②卸電力市場の運用。

③小売スイッチングプロセスによる消費者選択への寄与。
④送電線へのオープンアクセス。

次に基礎的な数字は以下のようになる。

・テキサス州電力需要の90%をカバー。
・管轄する需要量の75%は競争的な環境下にあり、2400万の顧客を抱える。
・550以上の発電所があり、ピーク時に7700万kWもの発電容量が存在。
・総延長4万6500マイルの高圧送電線が存在。

3.1.3　エネルギー関係者

図3-5は、ERCOT市場参加者とその役割を示すイメージ図である。この図とは完全には一致しないが、テキサス州の主要なエネルギー関係者について解説しよう。それらは、ERCOTが運営する市場取引の参加者でもある。テキサス州は独立した市場で、完全自由化であることもあり、名称に特徴がある。

図3-5　ERCOT：市場参加者

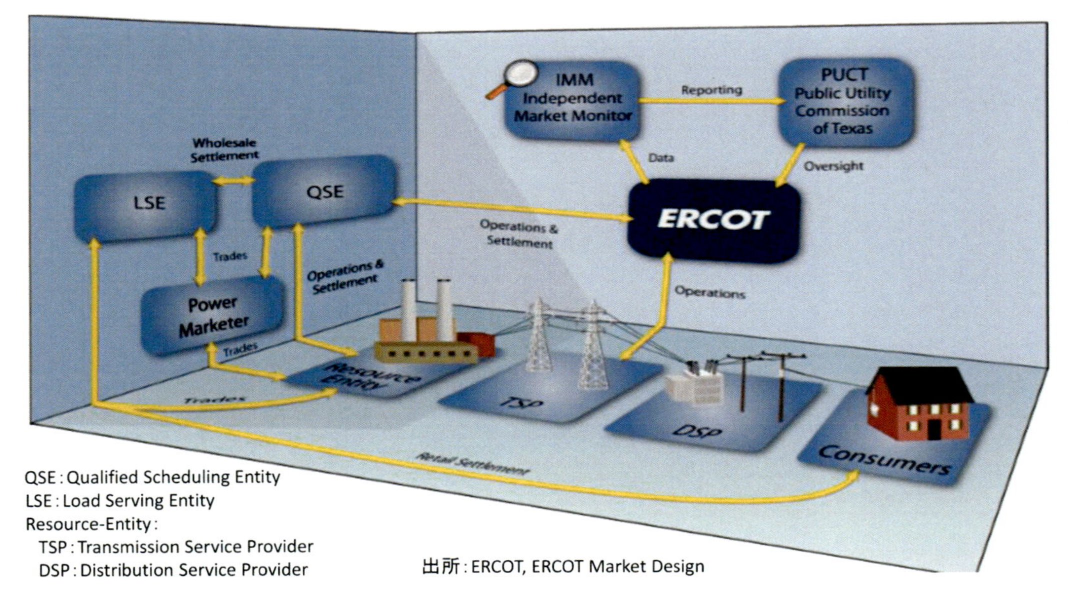

出所：ERCOT, ERCOT Market Design

◆州政府、議会

政策を決める主体である。米国は州政府の権限が強く、「エネルギー政策の実際の担い手は州政府である」とも言われている。テキサス州は、なかでも独立性が強く、連邦政府の管轄下にない。文字通り、基本的に自身の法令で決めることができる。

◆PUCT（Public Utility Commission of Texas、公益事業委員会）

政策を執行する機関である。規制の制定・執行、消費者保護、ユーティリティのタリフ決定、省エネ助成策の遂行等を実施する公的な機関である。電力だけでなくガス、上下水、通信等も管轄する。

◆ERCOT：電力信頼性維持機関、ISO、MO

もともとは名称の由来でもあるが、電気信頼度維持を監視しNERCに報告する地方機関であった。電力自由化決定を受けて、独立系統運用機関（ISO：Independent System Operator）、電力取引市場運用機関（MO：Market Operator）に発展してきている。管轄エリアは、州内電力需要の9割をカバー。

◆ユーティリティ（送電TSP、配電DSP、ガスPL）

エネルギーユーティリティは消費者に供給責任を持つ機関である。送電会社はTSP（Transmission Service Provider）、配電会社はDSP（Distribution Service Provider）と称される。天然ガスパイプライン会社も含まれる。欧州では、送電会社はTSO（Transmission System Operator）、配電会社はDSO（Distribution System Operator）と称されるが、オペレーターと名乗れるのは系統運用権を持っているからである。米国では系統運用権はISOに移譲されており、テキサス州も同様でERCOTがISOである。従って、送電会社はサービスプロバイダーとなっている。

◆発電事業者：Resource Entity

アンバンドリング、自由化が徹底しているテキサス州では、発電事業は発電設備所有・運用・卸売りを実施する主体となる。また、伝統的な発電設備だけではなく屋根置き太陽光、蓄電池、デマンドレスポンス等の分散型エネルギー資源（DER：Distributed Energy Resource）も電力を生み出す設備であり、卸市場に提供できるようになっている。そうした状況を反映した名称になっている。

◆小売事業者：LSE：Lord Service Entity

これも、アンバンドルが徹底していることが背景にある用語である。小売事業者は、基本的に自身では発電事業を行わず市場から電力を仕入れて契約する需要家に販売する。価格、質、周辺サービスを含めて、顧客サービスに徹するのである。それが名称にも表れている。

◆QSE：Qualified Scheduling Entity

QSEは、複数の小売あるいは発電を取りまとめて需給バランスに責任を持つ主体のことである。貯蔵できない電力は、常に需給を一致させる必要があるが、その責務は基本的に送電部門にある。米国ではERCOT等のISOにある。リアルタイム市場、アンシラリー市場、潮流（混雑）管理等を駆使してこれを維持する。この役割を分担するのがQSEである。需要および供給の市場参加者のバランシンググループを形成し（幹事会社となり）、需給調整で市場参加者側の自主的な需給調整役を担う。

ERCOTではリアルタイム市場、アンシラリー市場においては、基本的にQSEが取引の主役となる。短期取引市場のみで需給調整が完結するERCOTにおいては、市場参加者（その代表者であるQSE）による自主的な調整が基本となる。ERCOTは、市場取引から外れる場合の「指示」等によりサポート役となる。このQSEであるが、欧州（ドイツ、デンマーク等）ではBRP（Balance Responsible Parties）と称される。日本ではバランシンググループの幹事会社に該当すると考えられる。

◆その他：アグリゲーター、マーケッター等

アグリゲーターとは、例えば需要家が有する余剰電力を集約して販売する等の事業を行う者である。マーケッターとは、市場取引で提供される（オファー）供給と需要を満たすため買い（ビッド）が交わるように、間に入って取引を行う事業者である。

◆発送電一貫の市営会社（オースティン、サンアントニオ等）、COOP

民間電力会社は、完全にアンバンドリングされたが、自治体営電力会社は自治体の選択に委ねられた。州都であるオースティン市には市営電力会社オースティンエナジーがあるが、小売独占を維持するか、市外への参入を行う代わりに地域独占を手放すかの選択を迫られ、小売の独占を維持することを選択した。送配電発電小売の垂直統合型ではあるが、送電は第三者に開放しており、マーケットはERCOTのシステムを利用している。小売部門と発電部門は完全に分離しており、それぞれERCOTのシステムを利用して利益最大化を目指して行動している。

COOPは、僻地で需要密度が低くERCOTのシステムが行き届いていないエリアにおいて、電力システムを運営する組織である。

◆旧ユーティリティ

前述のように、旧垂直統合型の民間電力会社（投資家所有電力会社IOU：Investor Owned Utilities）は完全アンバンドリングの下で、領域ごとに別会社となった。例えばヒューストン地区の配電会社はセンターポイント、リライアントが、ダラス地区ではTXU、Oncorが存在する。

TXUの発電会社は、自由化の影響を受けて倒産した。同社は、石炭火力が主たる設備であったが、シェールガス革命と価格競争の影響を受けて競争力を失った。容量市場の創設に一縷の望みを託したが、テキサス州では同市場の創設は認められなかったこともあり、倒産を余儀なくされた。TXUは、2006年にエクイティファンドKKR、TPGを中心とするグループに買収されて話題を呼んだ。当時はTXUの有する石炭火力は魅力的に映ったが、完全に裏目に出た。投資のプロをもってしても、直後に起きたシェール革命等の影響を読めなかったのである。

3.2 ERCOT電力市場・システムの特徴：SCED、LMP

この節では、ERCOTが運用する市場取引の特徴についてSCED、LMPをキーワードに解説する。やや専門的になるが、テキサス州電力システムのポイントであり、一つの節に独立させた。

3.2.1 5分前リアルタイム市場で経済性と信頼性の同時解を決定

◆SCED：最大のキーワード

ERCOTの電力取引システムは、SCED（Security Constrained Economy Dispatch）という言葉に要約される。「信頼度維持・混雑管理と経済性を充たす最適な需給調整」と表現することができる。電力は、需要家が使用するとき、同時に同量が発電設備から供給される。これは信頼度を維持する必要から、常に一定の範囲に周波数変動が収まるように需給が調整される必要があるからである。その「現時点」直前の需給を調整するのがリアルタイム市場であり、5分以内の調整を繰り返して需給を一致させる（ディスパッチする）。同時に送電線の混雑管理を行い、潮流が送電線容量に収まることを確認する。SCEDは、「最も安い供給設備が送電容量の枠内で選択されるシステム」、換言すると「経済性（Economy：卸市場で選ばれる）と信頼性（Reliability：容量不足や混雑を回避する）を同時に満たす需給の組み合わせがリアルタイムで決まるシステム」であると言える。

SCEDとはERCOTシステムの特徴を一言で表すキーワードである。リアルタイム市場において、経済性達成、信頼度維持、予備力確保に係るシグナルがここに凝縮している。市場参加者は全てリアルタイム市場に参加しなければならない。ERCOTで最も重要な概念であり、リアルタイム市場は最も重要な取り引きする場となる。SCEDという用語は他のISOでも用いられる。米国ISOは、ノーダルシステムを採用しているが、これは市場取引と混雑管理を一体化しているからである。容量市場を持たずに、短期のエネルギー市場と予備力（アンシラリー）市場のみで経済性と信頼度の同時達成を図るERCOTでは、様々な革新的システムを導入し実現しているという強い自負がある。筆者のテキサス訪問中に、多くの方がSCEDという言葉を使っていたことにそれが現れていた。

なお、電力市場取引を解説する場合は、一般的に長期から短期そして実供給時へと順に説明する場合が多いが、全体のプロセスについては第5章を参照されたい。

◆LMP：地点ごとに需給と混雑を判断

SCEDと表裏一体となっている仕組みがLMP（Locational Marginal Pricing）である。

日本の卸市場取引は、旧電力会社の9つのエリア（ゾーン）ごとに需給調整を行う。卸電力市場は全国を一つのエリアとしているが、混雑が生じる場合はゾーン単位で調整する（一つのゾーンで一つの価格）。

LMPは、需給調整を電力需給のまとまり（ノード）ごとに行う。卸市場の均衡価格はノードごとに決まる。ノードは、供給側は発電所とその周辺、需要側は主に配電変電所単位で区分する。5分ごとにノードごとに価格は決定されるが、需要の価格はゾーンにまとめてノード価格の平均値を用いる。この均衡ノード価格は、送電線に混雑が生じなければ、需給入札の結果決まる最も経済的な発電量と価格となる。しかし、混雑が生じる場合は、混雑を回避する次善の設備が稼働することになり（再給電：Re-Dispatch）、市場価格も上昇する。従って、SCEDとLMPは表裏一体となっている。ERCOTエリアのノード数は約15000にも及ぶが、うち約6000が主要なものであり、実際に市場として機能するのは700程度である。需要価格を形成するゾーンは、地理的なまとまりからHouston、North、South、Westの4つとしている（図3-6）。

図3-6　ERCOTの4つの需要ゾーン（Houston、North、South、West）

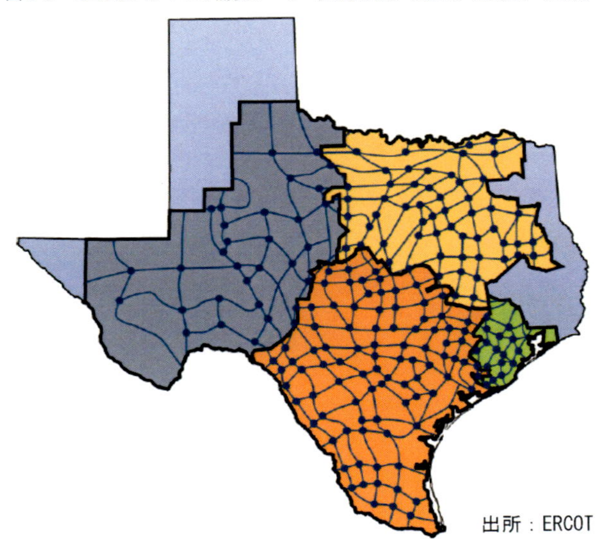
出所：ERCOT

◆経済性（メリットオーダー）と混雑管理（リディスパッチ）を5分単位で確認

このように、LMPではノードごとの混雑コストを織り込んだ価格が、時々刻々（5分単位）決まる。これは、ERCOTのWebページで誰でも見ることができる。図3-7は、ERCOTのWebページにアップされる市場動向の一例である。2014年4月15日午前8時30分時点のリアルタイム市場価格を示したものである。この時点では西部地区が高く東部、南部にかけて低くなっている。最高価格はMWh当り136ドル超で最低価格は31ドル以下となっている。

混雑が生じるときは、メリットオーダーでは劣後するコストの高い発電設備が繰り上がり稼働する、あるいは出力が増加する（再給電：Re-Dispatch）。すなわち、メリットオーダーで選ばれた低コストの発電設備は、稼働しないか出力低下を余儀なくされる。この再給電は、代表

図3-7　ERCOTのリアルタイム市場価格（LMP）

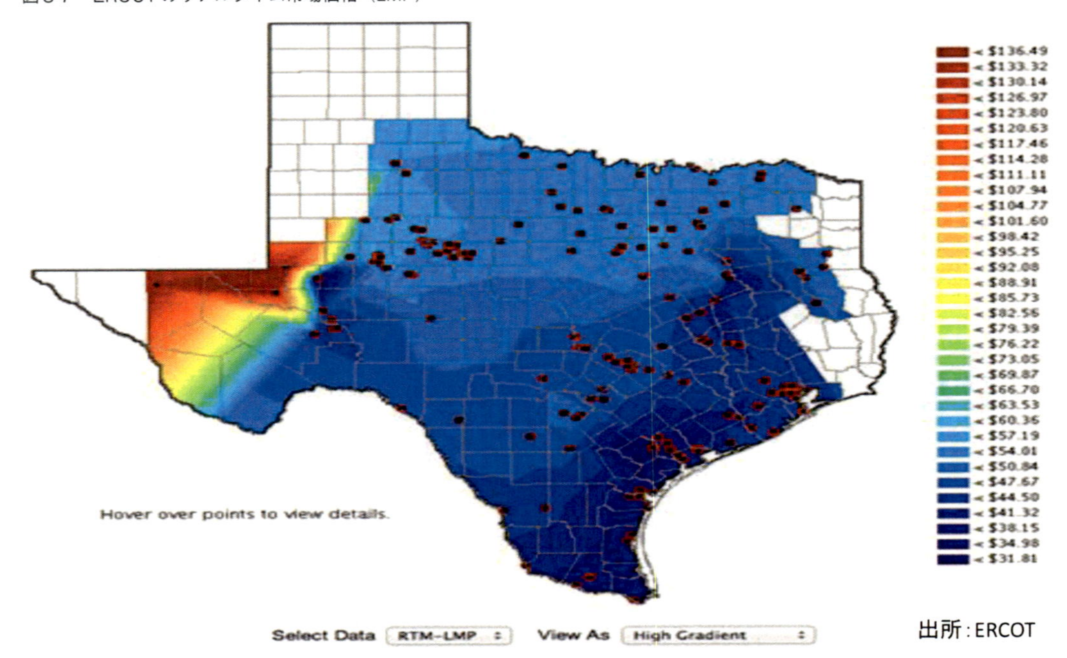

出所：ERCOT

的な送電線の混雑管理手段となっている。対策が不十分な場合は混雑が実際に生じ、市場は分断され、ノードごとに価格が異なることになる。需要側（流れる先）は価格が上がり、供給側は価格が下がる。価格がマイナスまで下がると、発電設備の出力抑制（カーテイルメント）が自発的に生じ、混雑解消に向かう。自発的な抑制が行われない場合は、ERCOTは抑制の指令を出すことになる。

このようにSCED、LMPシステムの下では、市場で選択された低コスト設備の電気が系統を流れるが、混雑が生じる場合はそれを解消する次善の設備が繰り上がる。混雑が解消できない場合は、市場は分断され、ノードの価格に差違が生じる。供給過剰となるエリアはマイナス価格になることがあるが、その場合発電設備（特に風力、太陽光）は自主的に出力抑制を実施することが合理的な行動となる。出力抑制の判断も市場で決まることになる。このEconomyとReliabilityを両にらみした予測（シミュレーション）が5分以内で繰り返され、その都度、発電設備の稼働や出力が変わることになる。

◆価格変動リスク管理に長けたシステム

ERCOTのシステムは時々刻々価格が変わる。そのため、供給側も需要側も経営安定化を図るために、価格ヘッジを行うことが重要になる。ERCOTはヘッジシステムを用意している。市場参加者同士の中長期相対取引が基礎になるが、送電線利用の予約（混雑収入権CRRの購入）、前日市場における見直しと再予約（Point to Point取引）できる機会が用意されている。前日市場クローズ後のリアルタイム市場では、5分ごとに需給が見直される。実需給に近づくにつれて、予想が正確となってくる。エナジーオンリーのシンプルな市場設計により、迅速で正確なシミュレーションが可能となり、風力・太陽光の大量導入にも対応できる。これは、電子商取引をイメージすると分かりやすい。例えばインターネットの宿泊予約システムで、まずは適当なホテルを予約しておき、当日に近づき、予定が変わったらキャンセルする、あるいはより安くなっていたら予約を差し替えることなどが近い例となる。

繰り返しになるが、ERCOTの役割・目的はEconomyとReliabilityの両立であるが、これを適切にマネジメントしていると自負している。このSCEDは、リアルタイム市場にて実施、実現される。ERCOTではリアルタイム市場が最重要の位置付けにある。

3.2.2 リアルタイム市場とは何か：電力取引市場の優劣を考える

ここで言葉の定義について、若干の解説を試みる。電力市場に関しては、同じ言葉でも地域ごとに意味が微妙に異なる。一般的に電力取引市場には、

①取引所を介してエネルギーを売買する卸市場
②送電会社・ISO等の系統運用者（システムオペレーター）が柔軟性・予備力を調達する市場

とが存在する。

①には、前日市場（Day-Ahead）と当日市場（Intra-Day）があり、欧州と日本はこの区分、名称となっている。②はリアルタイム市場（欧州）、需給調整市場（日本）と称されるがアンシラリーサービス市場とも言われる。日本は当初案ではリアルタイム市場となっていたが需給調整市場に変更された。

一方、米国ISOでは少し異なる。前日市場は共通だが、当日市場はリアルタイム市場と称され取引間隔は5分と短い。アンシラリーサービスは前日あるいは当日に取引される。エネルギーと柔軟性・予備力の違いが明確ではなく、一体的に扱われているように見える。アンシラリーサービスのスポット取引化ともいえよう。

日欧は、市場運用（マーケットオペレーション）は卸取引所、系統運用（システムオペレーション）は送電会社（TSO）と役割が決まっており、それに対応して取引も分かれている。一方、米国はどちらの機能もISO・RTOが具備している。エネルギーとアンシラリーをあえて分ける必要性が小さくなる。供給設備（リソース）は様々な機能を持っており、実供給へ向けた流れの中で、それぞれの時点で各機能をベストに配分することが合理的である。その意味で、米国の方がより優れているとも言える。

欧州でも、最近では当日市場の取引期間が短くなり、柔軟性も扱うようになり、次第に米国のリアルタイム市場との差違が小さくなり、米国寄りになってきている、ISO化してきているともいえる。なお、日本がリアルタイム市場から需給調整市場に変えたのは、米国のリアルタイム市場との混乱を避けるためではないかと考える。

欧州方式の利点を挙げると、送電会社（TSO）が送電線を所有し運用していることにより、

設備投資の意思決定を行いやすいことである。これが分離している米国は、投資に係る迅速な意思決定において弱みがあり、送電容量不足が生じやすいといえる。容量市場に頼るのも、流通投資不足を発電設備（予備力）で補おうとの狙いがあると考えられる。ただし、人為的な側面がある容量市場は、スポット取引の効率性を阻害する懸念がある。ERCOTのEnergy Only Marketは、ISOの機能をフルに活かすものと評価できる。投資を含めて独自に迅速に決定できるテキサス州だからこそ可能なシステムとも考えられる。

3.2.3 リアルタイム市場に全てが集約：価格分析

さて、テキサス州のSCEDであるが、リアルタイム市場で実現される。ERCOTではリアルタイム市場が最重要の位置付けにある。以下にて、最近のリアルタイム市場価格の推移を見ることで、SCEDのイメージに接近してみる。

図3-8は、2015年、2016年、2017年のリアルタイム市場について月ごとの平均価格推移を示している。ノードごとの価格（LMPs）の平均値に、2種類のかさ上げ価格（Adder）、アンシラリーサービス価格、アップリフトに要したコストを需要量で除した単価を乗せている。"Operating Reserve Adder"は、運用予備力が一定水準以下となると予想される場合、その価値（カーブ）を予め決めておき、実際に適用したときの価格である。"Reliability Adder"は、主に混雑が生じると予想されるときに対応する設備を準備しておき、実際に稼働（再給電、Re-Dispatch）したときのコストである。「アンシラリーサービス」は、実需給時の予備力（Reserve）としてERCOTが市場から調達するコストである。"Uplift"は信頼性維持、省エネ、デマンドレスポンス等のERCOTの指示・準備に要するコストである。

図3-8　All-in平均リアルタイム価格の推移（ERCOT、15/1～17/12）

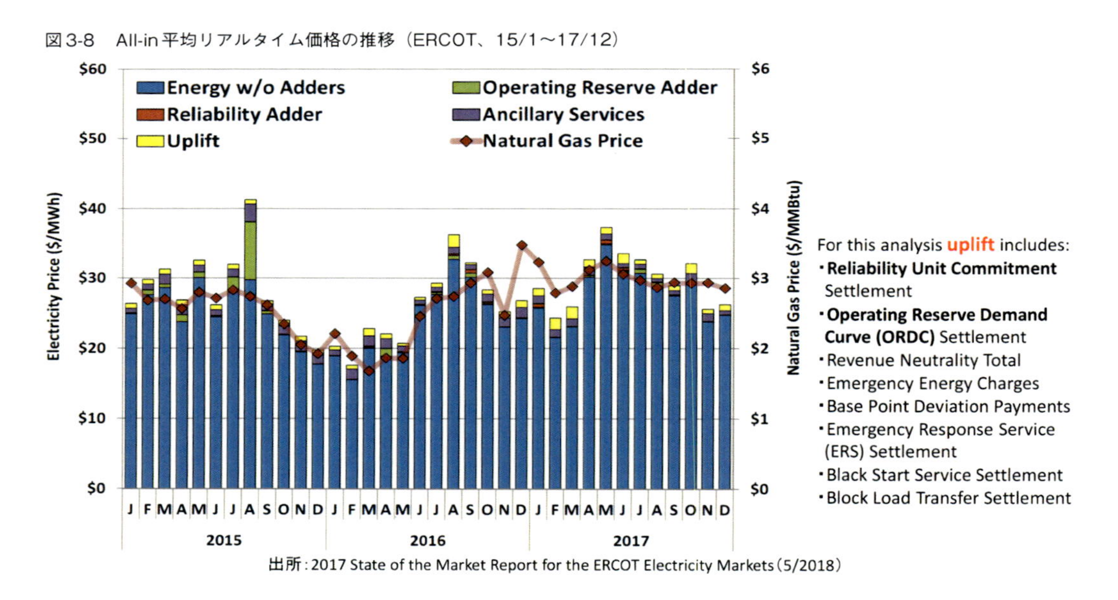

出所：2017 State of the Market Report for the ERCOT Electricity Markets（5/2018）

基本となるのは「かさ上げ価格」以下を除くEnergy価格であり、MWh当り20～30ドル台にて推移している。折れ線グラフは天然ガス価格の推移でありMMBtu当り2～3ドルで推移している。ここでも両者の間には高い相関関係が認められる。電力価格は低い水準となっているが、これは低いガス価格が主たる要因となっていることが分かる。この3年間は、2015年の8月にOperating Reserve Adderが高くなったことを除いて、予備力不足や混雑による価格高騰は少なかった。

長期的なリアルタイム市場価格は、図1-5で示したように大きく低下した後、低位安定で推移している。他のISOとの比較では、特に予備力維持に要するコストがNYISOやPJMに比べてかなり低く、ERCOTエリアの低コスト性が確認できる。この図3-8のAll-in価格は全体のコストを反映したものとなっている。

このように、このグラフは混雑処理の価値、予備力確保の価値等全コストを含む市場価格を示している。ERCOTはEnergy Only Marketではあるが、卸市場の短期エネルギー取引に混雑処理、予備力確保シグナルを一体化、内包したシステムと理解することができる。テキサス州では、このシステムが最も市場原理を反映した効率的なものと認識している。図1-6で、他のISOとの全リアルタイム市場価格を比較しているが、前述のとおり容量市場を設けているところよりもかなり低くなっている。

4

第4章　電力供給の基礎と市場取引プロセス
－自由化後のシステム－

◉

本章では、電力が作られ利用されるまでのプロセスの概要を解説する。安定供給を担保する信頼度維持と合わせて経済的な運用を実現するために確認される事項は、電気工学的、および、経済学的に決まっており、自由化の前と後とで、また場所により大きな違いがあるわけではない。

しかし、実際には自由化前後で、場所によりシステムに違いがあり、その共通事項と相違点をあわせて理解しておく必要がある。

内容的に本書の本筋から脱線していると思われる方もいるかもしれないが、テキサス州のシステム、そして日本の（容量）市場を理解する上でも重要な内容となるので、お付き合い願いたい。

4.1 電気の特性と2大命題であるReliabilityとEconomy

電力は生活する上で、そして産業を振興する上でなくてならない「血液」のようなものである。一方で、その特性として貯めることが困難で、品質を維持するために常に需要と供給を一致させる必要がある。また、供給される電気は基本的には一種類の製品であるが、多様な資源と技術から作ることができ、それぞれを特徴に応じて選択することができる。

このため電力供給においては、常に変動する需要に合わせて供給できる機動性、柔軟性を具備している必要もある。また、不測の事態、緊急の事態に備えて需要量をある程度上回る供給量（予備力）を確保しておく必要がある。これは「電力供給の信頼度、Reliability」と称される。

その一方で、可能な限り低コストで供給できることが、産業の競争力や生活の観点から求められる。最も経済的な組み合わせで利用することが可能なことが「Economyの観点」である。このReliabilityとEconomyの両立が電力事業の基本命題である。エネルギー政策としては安定供給Energy-Security、環境Environment、経済性Economyが3本柱であるが、ReliabilityはEnergy-Securityと密接に関係する。

電力供給の責任を負っている者にとって、信頼度と経済性は常にその両立を最も意識するところとなる。これは、事業形態が地域独占であろうが競争環境にあろうが、変わることはない。

4.2　地域独占時代の運用

ここでは（基本的には過去になりつつある）地域独占時代の運用について紹介しよう。

洋の東西を問わず、一般に電力事業は地域独占の形態をとり規制を受けてきた。発送電・小売一体で地域を独占している状況下では、送電部門に属する「中央給電指令所（中給）」が時々刻々の需給管理、供給の運用を行っていた（図4-1）。電力会社は自社エリア内（管内）の需要予想のノウハウを長年にわたり蓄積しており、日々の需要曲線（ロードカーブ）を予想・策定し、（特に最近は）公表している。

図 4-1　中央給電指令所

出所：東京電力　　出所：日立製作所

◆ベース、ミドル、ピーク電源とその考え方

変動する需要については、時間帯にかかわらず常に存在するベースロード、ベースロードを超えて一定の幅で比較的ゆったりと変動するミドルロード、ミドルロードを超えて短時間であるが突出するピークロードに分解して、それぞれ適した電源を割り当てる。確実に存在するベースロードに対応する「ベースロード電源」としては、変動費（燃料費）が安い一般（流れ込み式）水力、地熱、原子力、石炭が適しており、一定出力で稼働する。「ミドルロード電源」としては、石炭に比べて価格が高いが、より柔軟に運転できる天然ガス火力発電が適している。「ピークロード電源」としては燃料費や運転コストは高いが瞬時あるいは短い時間で稼働できる石油火力、揚水発電が適している。図4-2は、2014年4月に第4次エネルギー基本計画に唯一掲載された図表であるが、この考え方が踏襲されている。第5次計画で「主力電源」に昇格した再エネは、まだ小さい存在で、ピーク時に出力するであろう小さい電源との位置付けのように見える。

図4-2　電力需要に対応した電力構成

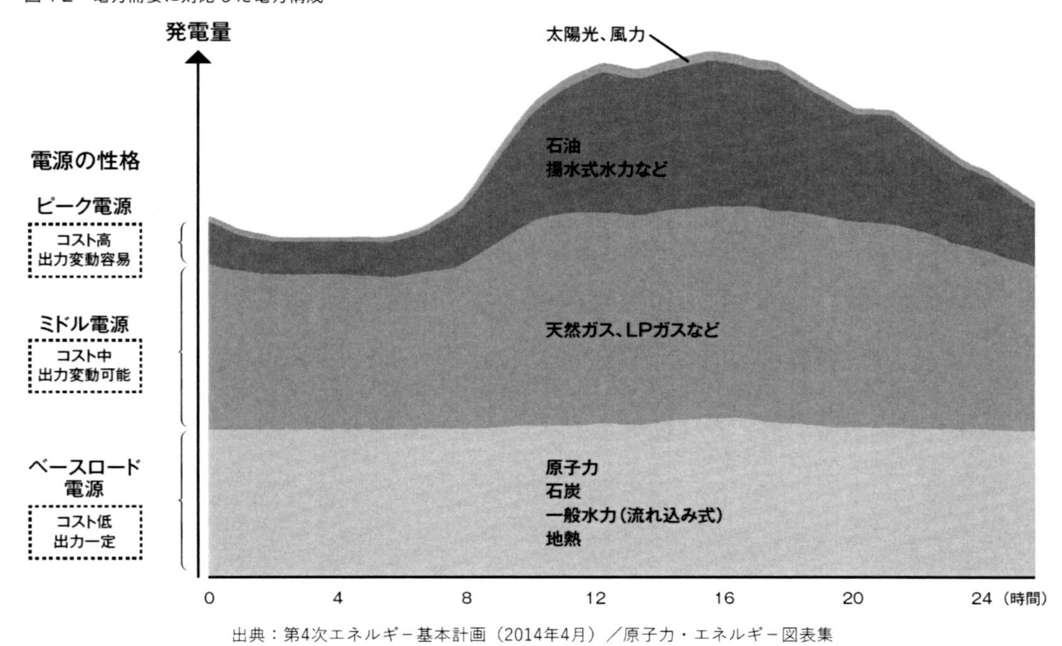

出典：第4次エネルギー基本計画（2014年4月）／原子力・エネルギー図表集

◆短期調整用電源や緊急時の予備力

また、時々刻々小刻みに変動する「髭」のような部分については、その凹凸を埋める「髭剃り」用の電源を確保する。これは大規模で安定出力の電源が適している。

さらに、設備の故障等による予期せぬ需給の変動に対応する設備を待機させておく必要がある。これは「運用予備力」と称されるが、数分から数十分で変動できる、また、起動停止できる設備が中給の指令を受けて待機することになる。例えば火力発電は必ずしもフル出力しているわけではなく、また水力は弁により出力調整が可能であり、小刻みな需要変動に対して出力を上下に変動させて対応する。揚水等ダム式水力、コンバインドサイクルガス火力等である。この役割を担う設備を決めておく（中給が指令を出す）ことになる。

以上のように、時々刻々の変動や予期せぬ変動に対応する設備を待機させておくことによる効用を「アンシラリーサービス」と称している。文字通りでは「補助的」という意味になるが、最後の砦とも言える重要な役割を果たしている。ある電気工学の専門家の方は「どうしてアンシラリーという名称になっているのか、不可解である。」との感想を語っていた。設備が有する能力の一部ないし全てを待機させており、それを活用するという意味からであろう。

◆混雑管理

信頼度の範疇に入るが、送配電線の「混雑を回避する潮流管理」も中給の重要な役割である。送電線のキャパシティ（容量）を超えて電気が流れる場合、電気エネルギーの一部が熱エネルギーに変わり、行き過ぎると電線が伸びて垂れ下がる。樹木に接するようになるとショートや火災を誘発し、設備が損傷し大規模停電に至る懸念もある。混雑が生じる懸念がある場合、中央給電指令所（中給）は潮流を変えることで混雑を解消することになる。その手段として一般に利用されるのは、「再給電：Re-Dispatch」と「出力抑制：Curtailment」である。再給電とは、経済合理的に選ばれる電源を止める、あるいは出力を下げて、経済的には次善の別の電源を稼働する、あるいは出力を上げることである。出力抑制とは、過潮流の原因となっている電源の出力を下げることである。

◆発送電一体方式の効果

以上のように、電源には様々な役割があり、役割に応じて効率よく稼働（機能）させる必要がある。この運用責任を負っているのが、中央給電指令所（中給）である。自由化前は、送電部門にある給電指令所、指令を受ける発電設備は同じ組織に属して、「安定供給義務」を一体として負っていた。

中給は、身内の発電設備を監視・制御するわけだが、身内であるので全ての情報を把握し、全体最適の視点できめ細かく準備・監視・制御することが可能であった。ベース、ミドル、ピークに分類して、限界費用の安い順番に設備を有効利用するようにしていた。「メリットオーダー」で給電を実施していたのである。また、アンシラリーサービスや混雑管理用に稼働する電源を用意し、必要に応じて指令を出していた。

発電設備側から見ると、それぞれの設備が持っている特徴に応じて、①ベース、ミドル、ピーク需要に対応する機能、②短期調整や予備力としての機能、③混雑管理のための再給電用としての機能、これらの一部あるいは全てを具備しており、中給からの指令に応じて準備や稼働をすることになる。

◆長期予備力確保と総括原価方式

信頼度維持のためには、長期の視点も重要になる。需要をある程度上回る供給設備容量（予備力）を持つことが重要になるが、大規模電源開発には時間を要する。立地交渉、建設、環境アセスメント、試運転等を経て運転開始となるが、この時間（リードタイム）が長期にわたる。10年以上要することも珍しくはない。日本では、10年間の需給見通し、施設計画を毎年策定し、それぞれの年度で一定の予備力を確保できるような仕組みになっていた。所要投資コストは総括原価方式[1]で回収が保証され、資金調達も自己資金、電力債、財政投融資、民間借り入れ等の見通しが示されていた。

---

1. 総括原価方式は、事業に必要な諸費用を事前に見積もり、それを回収できるように料金を決める仕組み。原価を基準とし、さらにその上に「事業報酬」と言われる報酬率を上乗せさせることにより料金を決める。赤字になる心配が少なく、長期的な経営計画や設備投資計画を立てやすいことがメリットとして挙げられる。一方で、電力会社は地域独占で競争が少ないため、費用の削減努力につながらず、経営の効率化が進まない要因にもなった。

4.3 自由化後の運用

ここまでが、自由化前の地域独占、総括原価方式における仕組みであり、供給信頼度という点では優れたシステムと言えた。一方で、コスト低下誘因に乏しい、新技術の導入が遅れがちになるという欠点もあった。そしてガスタービン・再エネ技術革新等により発電部門は競争環境が整ってきた等の要因により、1990年代より世界的に電力の自由化が始まった。

4.3.1 需給調整

◆中給の判断から市場の判断へ

自由化の世界では、経済性確保、信頼度維持の両立はどのように図られてきたのであろうか。一言でいうと、身内の設備の情報を基に中給が判断してきたことを市場取引による判断に移行させたのである。これは自由化の本質である。送電部門が独立し、発電が自由化されると、身内ではなくなる個々の発電の情報をどのように収集し、優先順位を付けるかという話になる。ここで非差別性、透明性、効率性に優れた市場取引を利用することになる。

◆卸市場取引は限界費用革命そのもの

電力供給の基本となる「限界コストの低い設備が優先して稼働する」については、電力卸取引市場（前日市場）において30分単位で限界費用の安い電源から選択されることにより実現される。市場取引に参加する電源は、燃料費の低い電源から順番に並ぶことになるが、これが「メリットオーダー」と称される。図4-3から分かるように、燃料費ゼロの再エネは最優先されることになり、既存大規模電源の中では稼働中の燃料費が最も安い原子力よりも優先される。ただし日本では原子力は「ベースロード電源」として再エネよりも優先されるルールとなっている。

この限界費用曲線とその時々の需要曲線が交差する価格と量が最安値で最も効率的な組み合わせとなる。夜間等需要が少ないときは再エネやいわゆるベースロード電源が主に選択される、需要が増えるにつれて限界費用の高い電源も戦列に加わっていき、需要が最も多くなるピーク時間では限界費用の高い電源が活躍する。自由化時代は、風力、太陽光発電が普及してきた局面と重なる。燃料費ゼロで限界費用の最も低い再エネが大規模に稼働する時間帯は、風力は主に夜間で太陽光は昼間になる。このように再エネ電力が市場に優先的に投入されることになる[2]。

2.FIT 賦課金が加わる場合、再エネの費用が高いように思われるかも知れない。しかし、FIT 賦課金は小売に賦課されるもので、卸市場では純粋な限界発電コストで取り引きされることになる。

図4-3　ドイツの卸市場サプライカーブ（メリットオーダー）

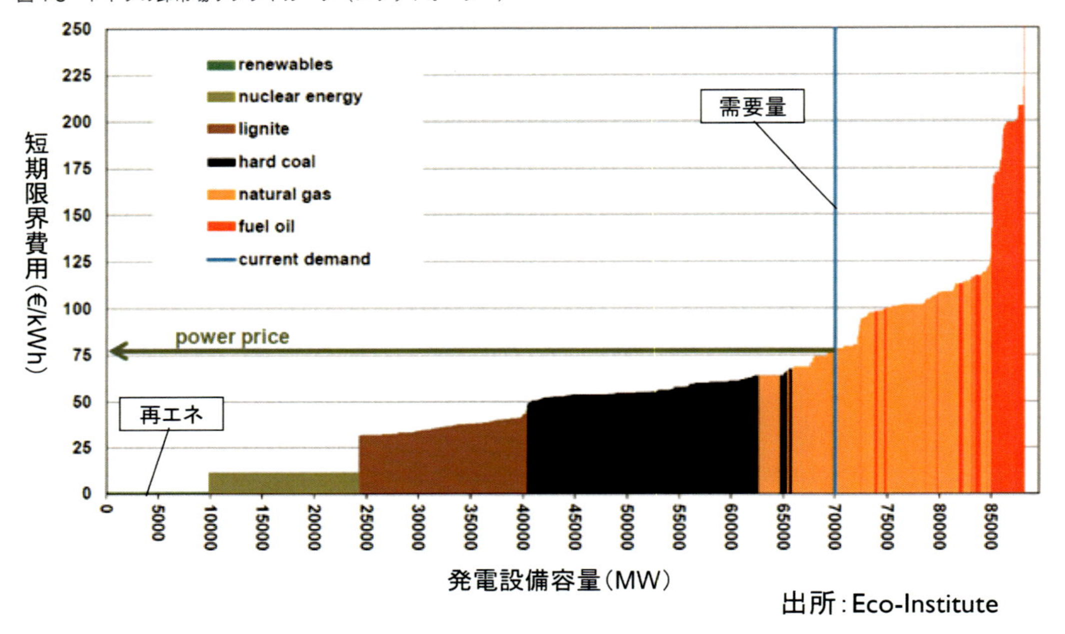

◆消えるベース・ミドル、登場したネットロード

ここでベース、ミドル、ピークの概念が変わる、あるいは消滅することになる。例えば「ベースロード電源」は限界費用が低いことに加えて安定的な出力で稼働できるという印象があった。日本では今でも原子力、石炭はベースロード電源と称されるが、石炭の価格がLNGの価格より高まればLNG火力は石炭に代わってベースロード的に運転されることになる。また、カーボンプライス制度が充実し、石炭での発電のコストが上がり、これが常態化する可能性がある。技術的に安定運転が可能かどうかよりも限界コストの高低が優先されるのである。例えば「ベースロード電源」が最優先されることになっていない欧州では、再エネよりもコストの高い原子力は低需要時期、および、再エネが多く稼働する時期に出力を抑制することになる。図4-4は、2015年5月11日のドイツの需給状況である。この日は、午後13時の再エネ比率が73%に達しており、原子力を含めた既存電源の出力調整が実施された。

市場取引が支配的なシステムの下ではベース、ミドル、ピークという考え方は弱まり、変動する需要から限界費用の低い再エネの出力を差し引いた「残余需要：ネットロード」（＝Net-Demand[3]）という概念が一般化してきている。残余需要の見通しの中で、再エネ以外の電源がどのように活用されるかという考え方である。これまではピーク時は最も需要が大きい時期、残余需要が大きい時期とイコールであった。しかし、太陽光が普及しているエリアでは、需要ピーク時と残余需要ピーク時が乖離するようになる。日射量が減る夕方が残余需要のピークになるいわゆる「ダックカーブ」状況である。図4-5は、カリフォルニア州のISOが時々刻々公開している電

3. ロード（Load）とDemand（需要）は同義となる。

図4-4　ドイツ電力需給状況（2015/5/11）

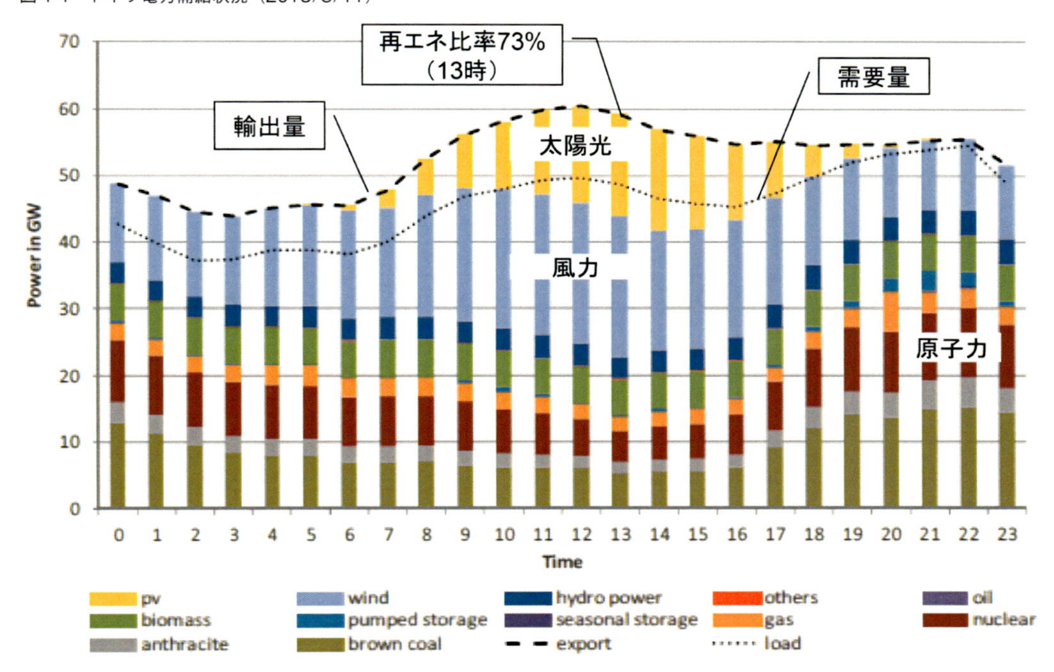

資料：ドイツ4送電会社公表データ（出所：Thomas Ackermann, Ph. D.）

力需給曲線の予測、実績を示したものであるが、ネットロードが明示されている。日本でも九州等太陽光が普及しているエリアでは、この現象が起きている。

◆前日市場による計画値を当日市場で随時調整

ロードカーブ、ネットロードカーブに対応する供給は市場取引において稼働する設備が決まることになる。これに対して、時々刻々の変動にはどう対応するのであろうか。卸取引所における「前日市場」にて翌日の需給計画が一旦決まることになり、需給それぞれ価格と量を守る必要がある。これはコミットメント（約定）、スケジュールリングと称される。しかし、その後も実需給時点まで変動することになる。特に太陽光、風力は予想を超えた変動が生じうる。前日市場で約定した内容を守らないとペナルティが発生するが、それは避けなければならない。

まずは、当日市場で調整が始まる。前日市場がクローズした後、実需給時に向けて予想との乖離を是正する取引が始まる。欧州では（Intra-Day）は15分間隔で（15分前まで）取引が行われる（図4-6）。米国の主たる卸市場では（Real-Time）、5分間隔で（5分前まで）取引が行われる。実需給に近づくと、需要はもちろん、気象状況も外れなくなる。このように、非差別で透明性のある当日卸取引市場を活用することで、市場参加者による効率的な需給調整が相当程度可能となる。

◆グリッドオペレーターが準備する需給調整力が最後の砦

さらに直前の15分あるいは5分以内の調整、突発的な事象への対応はどうするのか。これは、

図 4-5　CA-ISO の電力需給情勢（7/8/2016）

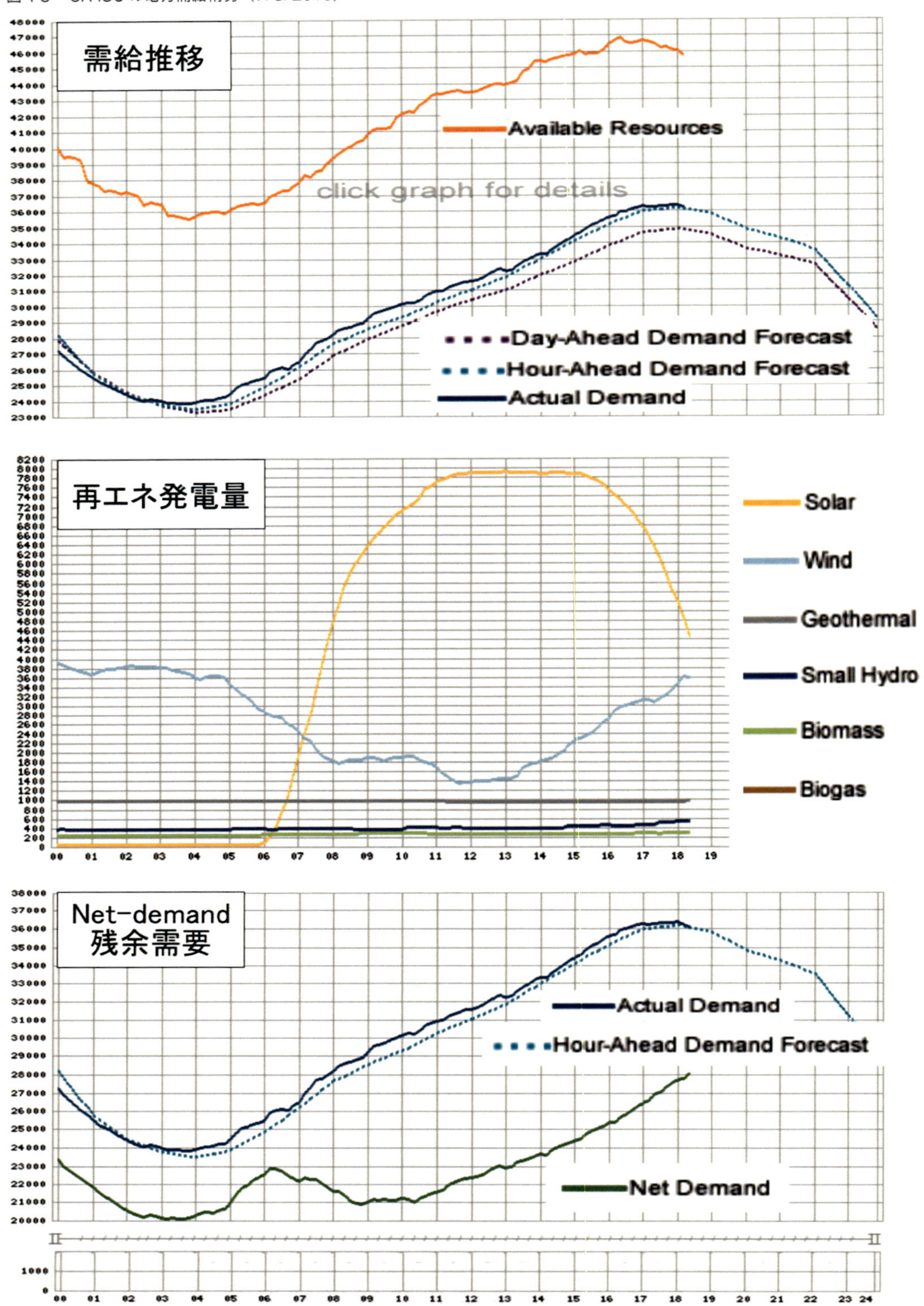

出典：CA-ISO（一部筆者加筆）

図4-6　ドイツ、日本の電力市場比較

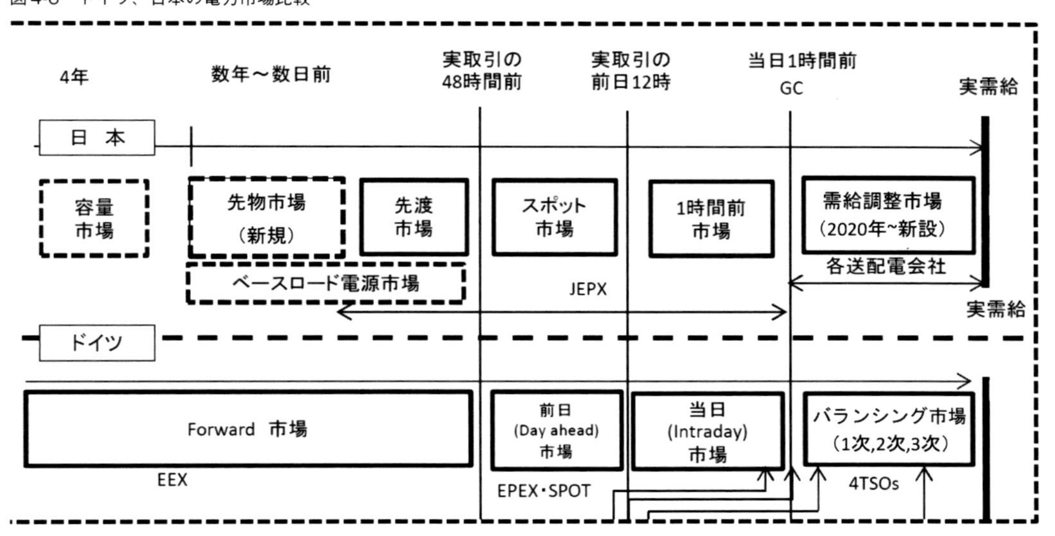

出所：長山浩章京都大学教授資料に一部加筆

安定供給、信頼度維持の義務を負う系統運用者（グリッドオペレーター、中給）の役割となる。グリッドオペレーターは、欧州・日本では送電会社TSO、米国ではISO（RTO）とTSOである(ISOは3/4のシェア)。グリッドオペレーターは、アンシラリーサービスの提供とそのための柔軟性・予備力の募集、あるいはバランシング市場の運営と柔軟性・予備力の取引を行っている。なお、市場運用と系統運用の両方の機能を持つ米国ISOは、前日、リアルタイムにおいてアンシラリー取引市場も運営している。

◆多くの市場参加者が多彩な調整力、柔軟性を提供

地域独占時代の供給設備は、専ら火力、原子力、水力等の大規模「電源」に依存しており、遠隔地に立地し長大な送電線を経由して需要家に届けられていた。自由化の時代になるとコジェネ、再エネ、ストレージ、ヒートポンプ等の熱、需要を変動させることで調整するデマンドレスポンス等の分散型の「リソース」が活躍するようになる。また、再エネが普及してくると、気象を予測するスキルや変動を吸収する調整力に富むリソース（柔軟性：Flexibility）の充実と活用が重要になる。実需給に近い当日市場やアンシラリーサービス、バランシング市場においてこれらの分散型リソースや柔軟性の活躍が増えてくる。特に、様々な市場参加者の取引により成り立つ当日卸市場は透明性、効率性に優れており革新的な仕組みが整備されてきている。卸取引所とTSOが分かれている欧州・日本では、前日・当日市場は取引所が運営し、アンシラリーサービスを取り引きする需給調整市場（バランシング市場）はTSOが運営する。一方、米国ISOの場合は、卸市場の運営者と系統の運営者が同一であり、前日市場、リアルタイム市場においてアンシラリーサービス（予備力）も取り引きされる。すなわち、透明性の高い市場取引によって、エネルギー（kWh)、予備力（kW)、即時性（Δ kWh）の最適な配分を追求しや

すい制度となっている。

4.3.2 信頼度維持Reliability

◆信頼度維持については市場参加者も市場取引を通じて責任を分担

信頼度維持Reliabilityは、電力供給・利用において最も重要な要素となるが、①需給を一致させる、②一定の予備力を確保する、③混雑が生じないようにすることになる。一義的な責任はグリッドオペレーター（Grid Operator、系統運用者）が負うが、グリッドオペレーターの負担を軽くするべく、市場参加者も一定の責任を負うシステムが重要性を増してきている。自由化市場では、前日市場がクローズした時点で、翌日のスケジューリングが決まるが、発電事業者や小売事業者はスケジューリングした計画値を一定の水準以内に収めなければならない。気象予測力を付ける、当日市場を利用して予測値からの逸脱分を補てん（売買）する等を行うことになる。それでも逸脱する場合はペナルティ（グリッドオペレーターに対するインバランス料金の支払い）が課されることになる。

◆バランシンググループも需給調整の責任を負う

個々の事業者が自身の取引範囲で一致させようとすると全体としてのロスが大きくなり、コストが上がる。そこで、参加者をグルーピングして、グループ内で過不足をならした上で生じる過不足分を調整することにより、効率よく計画値を達成するシステムが構築されてきている。このグループはバランシンググループ（BG：Balancing Group）と一般に称する。また、グループを統括し責任を負う事業者を欧州の一部ではバランシンググリスポンシブルパーティ（BRP：Balance Responsible Party）と称している。グリッドオペレーターはこのBRPと調整することになる。BRPは日本ではBGの幹事会社ということになる。

欧州では、当日市場の革新とBRPの技能向上により、BRPで需給調整できる範囲が広がってきている。ドイツでは、当日市場の取引量が増える一方で、TSOが利用するバランシング取引量は減少してきている。再エネが増える一方でTSOが募集する調整量が減っていることは、「ドイツのパラドックス」と言われている。

テキサスではBRPのことをQSE（Qualified Scheduling Entity）と称している。原則としてQSEの自主的な調整が主であり、ISOは補助役という位置付けになっている。

◆予備力も市場を通して確保

Reliabilityのもう一つの柱は「予備力」の確保である。予備力はいつでも稼働できる状況にある、準備ができている設備が持つ価値のことであり、kW価値とも言われる。短期の「運用予備力」と長期の「計画予備力」がある。短期の予備力は以前からアンシラリーサービスとしてグリッドオペレーターが募集（入札）により確保していた。米国ISOでは、市場で取引される。アンシラリーサービスには、①数秒で稼働するRegulation、②数分で稼働するSpinning-Reserve、

③数十分で稼働するNon-Spinning-Reserveがある（米国FERCの定義）。

◆長期予備力の確保策

自由化前、長期の予備力は、例えば日本では10年間の需要見通しと供給・施設計画を毎年策定することで、確保してきた。自由化後は、容量市場創設が有効な手段の一つとして注目を集めている。

容量市場は、数年先の計画予備力の必要量（予備力に関する需要カーブ）をグリッドオペレーター等の公的組織が予測・策定し、既設・新設の予備力を有する者が入札することで価格と数量が決まる仕組みである。これは一般競争入札市場であり、市場参加者は全て強制的に参加することが義務付けられる。決まった数量は、直近の市場シェア等を基準に小売事業者に割り当てられることになる。小売事業者は、自社設備の保有、相対契約による確保、容量市場からの調達によって所要量を確保することになる。

欧州ではフランス、米国ではPJM、NYISO、ISO-NE等が導入している。対象時期は市場によりまちまちでありPJMは4年、NYISOは最長1.5年、ISO-NEは4年である。落札した設備は、その年は常に稼働できる状況に維持されていることが義務付けられる。当該設備は卸市場、アンシラリー取引に参加することになることから、特に卸取引市場に影響が及ぶことになる。

コラム：日本で検討される容量市場

日本でも容量市場なるものが、2020年にも開設される。日本では、資源エネルギー庁の提案に従い、広域機関において検討され、準備が進められてきている。日本は米国のPJMモデルを参考にしていると言われる。以下、広域機関、資源エネルギー庁の資料を基に解説する。

【容量（キャパシティ）は電気の３つ価値の一つ】

まず、電気の価値を考える。電気は、一般的にはエネルギーの価値、つまり電力量（kWh）のことと認識される。家庭用の電力は、ほとんどがこのkWhの価値である。次にkWの価値、容量の価値がある。これは、発電することができる能力のことである。いつでも、あるいは短時間で発電できる能力のことで、エネルギーを出すスピードが身上になる。さらに調整力、ΔkWの価値である。需要（負荷）や天候等供給側の変動に柔軟に追従できる価値であり、調整力（フレキシビリティ）とも言われる。この３つの価値があって、ようやく電力の安定供給が可能となる。

従来の垂直一貫体制の下では、全て身内での調整であり、３つの価値の調達を上手くやってきた。しかし、自由化後は、発電・送配電・小売とライセンス制で別れたことから、市場で調達することとなる。

【発電設備投資回収の予見性を高める】

どうして容量市場を作る必要があるのか。投資回収は、自由化前の総括原価方式から自由化後は卸電力市場を通じた方式に移行する。これにより、いくらで売れるか分からない、売れないかもしれないという状況になる。こうした環境のなかで、10～20年先の投資回収の予見性が低下する。そのため、電源投資意欲が減退し、さらには既設発電所を閉鎖され、供給力が不足し、結果的に電気料金の高止まりが発生するという事態が生じうる。こうした事態を少しでも緩和するために、容量市場を作り、発電事業者にお金が回るようにするという発想である。

【紐付き調達が減ることへの恐怖】

また、広域機関は各電気事業者の供給計画を取りまとめる任務があるが、そのなかで調達先未定の計画が増えてきていることに懸念を感じていた。容量市場を作らないと調達先がなくなってしまうのではないか、というものである。しかし、相対取引は安心で、取引所を通す取引は不安であるということであり、自由化システムをあまり信頼していないということとなる。大きな枠組みとして自由化に踏み切っているのであり、自由化の肝である卸市場を信頼すべき、との考えも当然成り立つ。「長期の及ぶ電源開発投資の回収は、長期相対取引によって担保されるものであり、短期取引である卸市場取引経由では安定調達に懸念がある」という考えがあると思われる。自由化の下では、先物取引がリスクヘッジの基本手段であり、その指標は卸取引で決まるシステムプライスである。相対取引の指標にもなるのである。政府委員会での議論をみても、この認識が決定的に不足している。

【容量市場は「市場」にあらず①：小売が一方的に負担】

容量市場は、「市場」という名前から、売り手と買い手がいて、それぞれの需給が調整されるようなイメージがあるが、全く異なる。たくさんの小売事業者がいて、もう一方にたくさんの発電事業者がいるが、まず何らかの基準に従って（例えばそのときの販売シェア）、小売事業者からお金を徴収する。小売事業者はただ取られるだけである。そのお金を、今度は発電事業者に分配する。これが容量市場である（図4-7）。広域機関そして政府は、2024年に容量市場が開始されるときに、小売事業者から聞いていないと言われることを恐れており、事前の説明をきちんとしていく方針である。

図4-7　容量市場の流れ（日本）

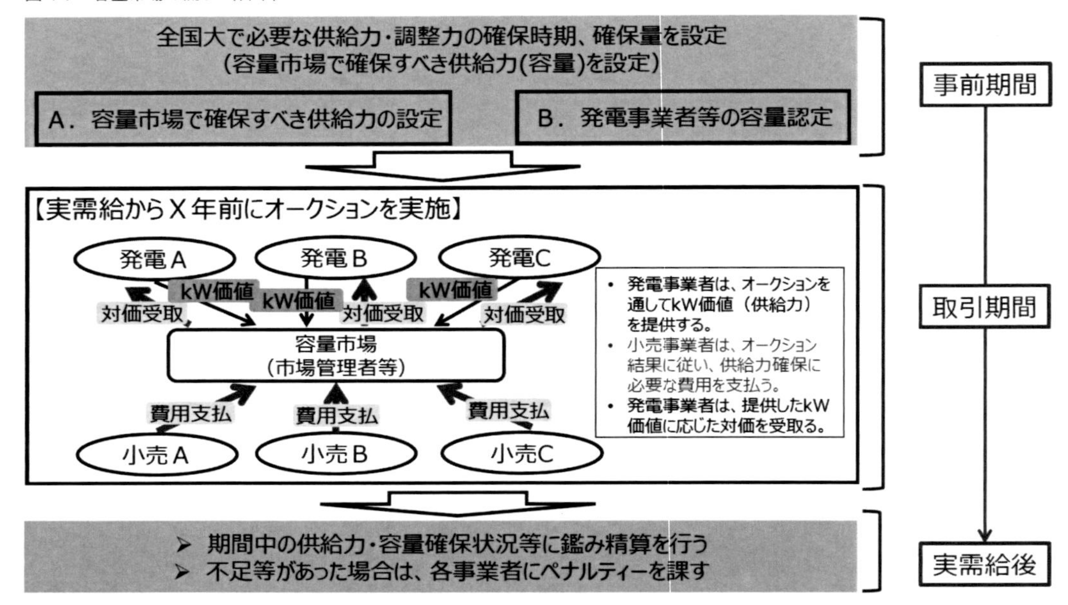

出所：電力広域的運営推進機関

【卸市場調達組がリスクに晒される】

具体的なイメージを紹介する（図4-8）。まず、小売と発電を一緒にやっている会社では（ホールディングス方式の東電と中部電力を除く旧一般電気事業者）、現在はエネルギー価値（kWh）について、発電事業者が小売事業者に電気を渡す（内部取引で小売部門が発電部門にお金を渡す）。容量市場導入後は、容量価値（kW）について同市場を経由して小売事業者から発電事業者にお金を渡す。しかし、小売事業者が容量市場に出すお金と、発電事業者が受け取るお金はほぼ同じだから、この会社はプラスマイナスゼロとなる。

小売と発電が別会社の場合、発電事業者は電気を小売事業者に渡し、その分、対価を受け取っていた。容量市場導入後は、小売事業者は発電事業者への支払いに加えて、容量市場への支払いが出てくる。この2つの支払いの合計を、これまでの電気への支払額と同じになるように契約をし直せば、今までと同じことになる。損も得もしない。

これだけでは容量市場があってもなくても同じようにも見える。しかし、小売事業者が卸電力取引所から電力を購入している場合、容量市場からお金を取られるだけになる。卸電力取引所の電力価格は下がるかもしれないが、容量市場と卸電力取引所とを合わせた支払いが、それまでの卸市場のみの支払額と同じになる保証はない。

つまり、「発電所を持っている、もしくは発電所と契約を持っている事業者には影響はないが、そうではない事業者にはビジネス上大きな痛手となる」可能性がある。これは調達先未定をやめさせるインセンティブになるだろうという目論見がある。

【容量市場は「市場」にあらず②：人為的な需要曲線】

もう一つ、一般的な市場とは異なるところがある。供給曲線は発電事業者の入札から作られるが、需要曲線は市場管理者

図4-8　容量市場導入後の電力・費用の流れ

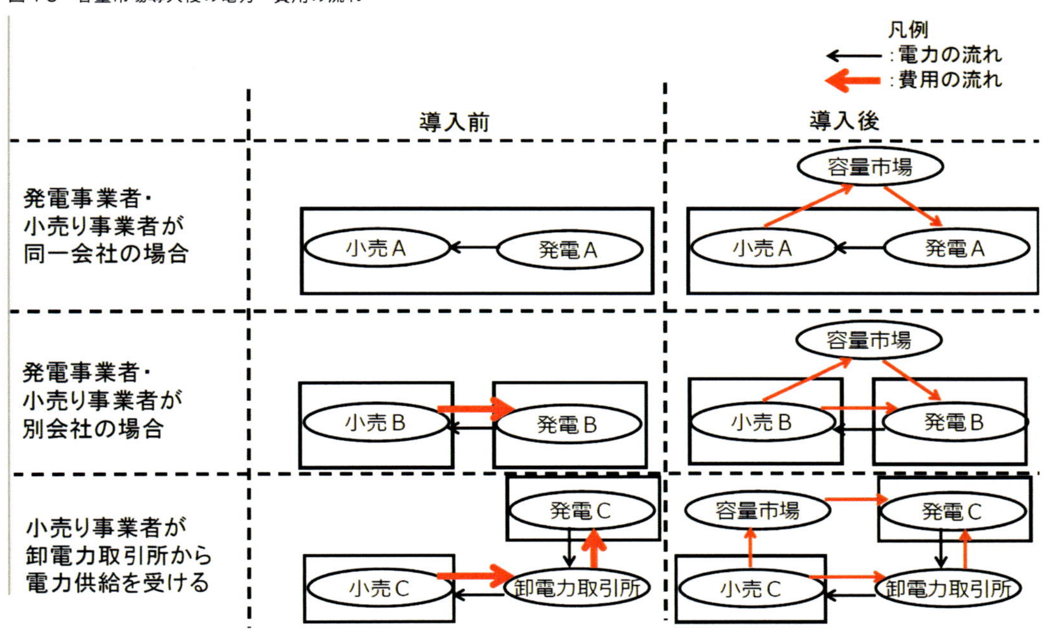

出所:電力広域的運営推進機関

が人工的に引いたものになる。その交点で、約定価格と量が決まるが、これはオークションと称される（図4-9)。卸取引市場と同様に「シングルプライス方式」であり、交点の価格で、全ての事業者が支払いを受けることになる。このオークションは４年前に実施される。最初のオークションは2020年に実施されるが、これは2024年の電力供給分ということになる。

図4-9　容量オークション（日本）

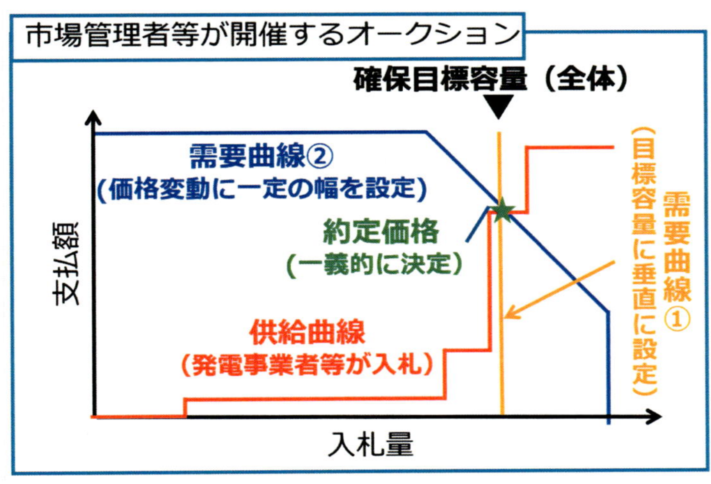

出所:資源エネルギー庁　第3回電力システム改革貫徹のための政策小委員会

どのような価格になるのか。米国のPJMの例だが、シングルプライス方式であり、ほとんどの事業者がゼロ円で入札をし、しびれを切らした事業者が少し価格を付けて入札をする。そこで設定された需要曲線との交点で価格が決まる。日本ではこうなるかは不明であるが、日本も同様に設計している。

広域機関は、2020年に向けてオークションのシステムを発注しているところであり、2019年の秋に参加登録をする予定としている。
【なくてもよいが価格乱高下が緩む効果を評価】
容量市場は必ずしも必要というわけではなく、料金が高止まると儲かるようになるため新しい電源を作ることになる可能性もある。ここは重要なポイントであり、日本でも関連の委員会において議論が行われた。本書で紹介しているテキサス州のように、料金が高騰してもよいではないかという考えからすれば、容量市場は不要となる。この認識は委員会でも共有している。その上で、日本では容量市場は必要であるという結論に至った。要するに、容量市場を入れると電力価格の乱降下がマイルドになるということである。日本では価格の乱高下は受け入れられにくいとの認識である。ここは「日本では」なのか、「日本政府では」なのかは議論のあるところである。
【議論を尽くしたのか】
しかし、容量市場があるときとないときのコスト比較を行ったのか、価格変動は自由化につきものでありそれをヘッジする金融取引等の導入を真剣に考えたのか、はっきりとしない。テキサス州では、電力価格が高くなるという理由で、産業界を急先鋒として小売事業者も反対した。産業界は、一時的な価格高止まりは甘受すると明言した。
PJM等容量市場を導入したところでも必ずしも上手くいっていない。実際に容量市場関連のコスト負担が重くのしかかっている。また、供給過剰気味となり、肝心の卸市場（スポット取引）が歪む影響が出ている、過剰設備を背景に卸市場価格が低下傾向となり発電所の収益が上がっていない、との指摘も多い。

◆短期予備力の割り当てや価値の事前開示により参加者に投資を促す

長期の予備力確保に関しては、適する設備を決めて一定の期間待機してもらうよりシンプルな「容量メカニズム」がある。ドイツが典型例であるが、卸市場への参加を認めず、同市場へ影響を及ぼして歪みが生じる懸念を遮断している。

容量市場と対極にあるのが容量市場を持たないテキサスである。同州は計画予備力を持たないのではなく、短期の予備力に長期的な必要量を意識させる仕組みを織り込むことで、新規投資を促す仕組みを構築している。まず、翌年分のアンシラリーサービス（運用予備力の取引）に関しては、毎年11月に翌年の必要量を試算し、直近のシェアにて小売事業者に容量kWを割り当てる（小売業者は自社所有、相対取引、市場調達などでこの予備分を確保する）。また、卸のリアルタイム取引に、運用予備力が一定量以下になる場合にエネルギー（kWh）の価値が急上昇するカーブを予め試算し示しており、運用予備力を予想することで卸市場の価値がイメージできるようにしている（5.2節参照）。

◆潮流予測と市場取引情報は相互に密接に関連

Reliabilityのもう一つの領域である混雑管理に関しては、時々刻々の潮流予測、混雑処理が重要になる。自由化前は、これもやはり中給が行っていた。中給は（使用制限のない）需要予想と身内電源による「社内メリットオーダー」により稼働が決まる発電設備の情報で潮流計算を行い、それを基に混雑が生じる場合は、再給電、フェイズシフト（フェイズシフターを設置して潮流の方向を制御する）、出力抑制等を実施する。

自由化後は、卸市場取引と連携しながらグリッドオペレーターが混雑管理を行う。前日卸取引により、効率的（経済合理的）な発電設備と需要が選択されるが、その情報を基にグリッドオペレーターは潮流計算を行い、N-1制約[4]に収まるか、混雑が生じないかを確認する。

混雑が生じるようであれば、まずは再給電を行い、混雑が解消されるように潮流を変える。それでも解消しない場合は、混雑の原因となる電源の出力を抑制する。給電指令による場合が多いが、市場原理による自主的な取組みに任せる場合もある。供給過剰になる場合は健全な市場であればマイナス価格となり、発電を続ける意味がなくなるからだ。この混雑管理を経た上で、翌日の需給計画（スケジューリング）が一旦は確定する。その後の変動に応じて、当日市場において随時見直される。このように、市場（マーケット）と系統（グリッド、システム）は密接に情報交換を行い連携しながら、経済性と信頼度の両立を図っているわけである。

自由化前は、混雑が発生することは滅多に起こらない。混雑が生じないように流通設備に余裕を持たせるからである。発電所建設を計画する時点で、その設備が定格出力で稼働しても混雑が生じないように送電線整備も合わせて計画する。この考えは、身内以外の設備が計画される場合でも踏襲される（先着優先）。

◆欧州と日本はゾーンプライシング

需給調整を行う範囲、同一価格とする範囲をどうするかは地域、基本制度の違い、電力価格に関する考え方により異なる。これは、混雑管理と密接に関係するが、ゾーンプライシングとノードのプライシングとがある。TSO（Transmission-System-Operator）として送電会社が系統運用の責任を負う欧州と日本は、ゾーンシステムをとる。送電会社が管轄するエリアを基本的に1つのゾーンとし、そのゾーンにおいて価格は同一になる。欧州は1つの国に1つのTSOが存在する場合が多いが、ドイツは4社存在する。国土の地理的な特徴を反映してTSOよりも多い数のゾーンがある場合がある。ノルウェーは、TSOは1社であるが、ゾーンは5つある。デンマークは1つのTSOに対して3ゾーンとなっている。

ゾーンのメリットは、そのなかでは価格差は発生せずに、価格差による不公平感が生じないことである。混雑が生じる場合は、TSOは再給電、出力抑制等を駆使し混雑を解消するが、それに要したコストはネットワーク料金で徴収する。エリアの需要家全体で混雑コストを負担することでエリア内同一価格を維持することになる。混雑処理費用が新規送電線投資による負担よりも大きくなる場合は、投資を実施することで混雑を解消する。

日本では、日本卸電力取引所（JPEX）が全国をカバーする単一市場であり、旧電力会社の9つのエリアによるゾーン制度となっている。9エリアをつなぐ連系線に混雑が生じない限り全国で同一の卸価格となるが、混雑が生じる場合は市場分断が生じ、価格が乖離する。最近の状況として、供給力が不足気味な北海道は高く、太陽光発電の導入が進み供給過剰局面が増えた九州は低くなる傾向が見られる。EUでは、やはり再エネの導入が進んでいるドイツは、政治的に廃止しにくい褐炭火力の存在と相まって供給過剰気味であり、エリア卸価格は大陸で最も低くなり、輸出が1割を占める「輸出大国」となっている。ゾーン制度では、比較的広いエリア

4.N-1 制約とは、冗長性確保のために 1 回線、1 変圧設備を緊急時対応のために空けている状態のことである。

で混雑費用を負担するために、混雑の送電投資に及ぼすシグナルが弱くなる傾向となり、混雑費用自体の高騰を招きかねない点が指摘されている。

◆米国はノーダルプライシング

米国は、一般にゾーンに比べてよりきめ細かいノードごとに需給調整し、混雑管理をしている。ノードとは、需要側では送電と配電との結節点にある変電所を、供給側では一定規模以上の発電所を単位とするものである。混雑とそれに要するコストを把握しやすく、混雑対策をきめ細かく打ちやすいというメリットがある。その結果、送電線の有効利用が可能になる。また、再給電の可能性を通じて、多くの発電設備に活躍する可能性が生じる。リアルタイムの市場価格は混雑コストを含むものとなり、新規リソース投資を混雑が生じない（混雑する送電線を使わない）地域に誘導する効果がある。米国は、市場と系統両方の運用を行うISOシステムとなっている。運用と所有が異なることから流通投資の誘因が働きにくい、電力事業の歴史が長く老朽化が進んでいる等の要因にて、持てる資源を最大限活用するノーダルプライシングのシステムが普及しているものと考えられる。

一方で、狭い範囲で頻繁な価格変動は消費者に受け入れにくくなることも予想され、需要側の価格決済は広いエリアのゾーンで行われる場合もある。テキサス州は、当初はゾーンが導入されたが、想定以上に混雑費用がかさんだことからノーダルプライシングに切り替えた経緯がある。

4.3.3 リスクヘッジ

資源配分が市場に委ねられる「自由化時代」では、需要だけでなく燃料価格、気象条件、送電線等流通設備の混雑状況により価格は頻繁に変動するようになる。「自由化以前」では、長期的に一定の余裕を見込んだ供給力が整備され、所要コストは総括原価方式により保証され、電力価格は一定以上の変動がある場合に「料金査定」により長期的に改訂が行われていた。すなわち、安定していた。日本の場合は、燃料費の変動を自動的に電気料金に転嫁する「燃料費調整制度」があり、さらに安定性を増している。

◆価格変動リスク：先物取引

この変動リスクをどのようにカバーするか、ヘッジするかが重要になってくるが、これも市場を利用する方策が進歩してきている。まず先物、先渡し取引の整備である。卸電力取引市場は前日、当日の短期取引（スポット取引）であり、現物取引を伴う（前日は金融的側面もある）。先物、先渡し取引は、資本市場にて中長期的にリスクをヘッジするものである。先物は金融、先渡しは現物と説明されるが、両者の区別はあいまいであり、金融取引の側面が強い。欧州大陸のEEX、米国のニューヨーク商業取引所等に上場している。日本は、先物取引市場の議論が行われているが、まだ整備されていない。先渡しは「現物」ということで卸取引所（JPEX）に存在してはいるが、スポットを扱う卸取引所に配置されていることは世界的には珍しい。

◆価格変動と混雑費用：相対取引

供給者と需要者とによる伝統的な「相対取引」は、典型的なリスクヘッジ手段である。これは、現物、金融の両面があるが、卸取引市場の発達により金融の側面が強くなってきている。相対取引は売買する量と価格を当事者間で決めるが、同時に送電線の利用について系統運用者に予約しておく必要がある（自由化前は、送電線は確実に空いている）。長期相対契約は、当事者間の決め事ではあるが、価格は先物市場の影響を受ける。先物市場は、卸取引市場の価格水準（システムプライス）を基に予測されるので、結局卸市場が最も重要な指標となる。従って、相対契約は、卸市場価格の影響を受け、それと大きく乖離する水準になることは考えにくくなる。乖離する場合は、実需給時に向けて、取引を見直し修正することになる。

◆効率的な電源が送電線を利用できる仕組み

実需給が確定する前日には、卸の前日取引がクローズするが、相対取引も同条件で継続するか市場に合わせて変更するのかについて決断をすることになる。その際に、系統運用者との送電線利用の予約をどうするかも決断することになる。相対契約が想定するルートが混雑しない場合は、問題は生じない。米国エネルギー規制委員会（FERC）の解説によれば、混雑し混雑コストが発生する場合には、「混雑費用を負担してでも確実に届けられる契約」にするか、「負担しないが実際に混雑する場合は届かない場合がある契約」にするかの選択である。前者はファーム契約、後者はノンファーム契約と称される。卸取引所で約定された低コストの取引、相対でファーム契約を締結した取引は、優先的に送電線を利用できることになる（両者の間では取引所経由が優先）。このように、米国ISOシステムにおいては、相対取引の場合は1日前に送電線予約に係わるファームかノンファームを決める契約を結ぶことになる。

日本は、送電線の利用において先に接続契約を結んだ電源が優先的に送電線を利用できる「先着優先」の原則が残っている。送電会社間を結ぶ連系線は「間接オークション」が2018年10月に導入され、卸市場で選択された電源が優先的に利用できる仕組みができたが、地内送電線は「先着優先」が存続している。発電事業の自由化、競争環境の礎となる卸取引市場の活性化を進めていく上で、「先着優先」の早期廃止は避けて通れない。欧米のシステムはこの面でも参考になる。

4.4 まとめと日本の課題

本章では、電力事業の基礎である効率的かつ信頼度を重視したシステムについて概観した。これはEconomyとReliabilityが両立していることを意味する。垂直統合型、地域独占モデルでは、Reliabilityに重点を置くもので、Economy（経済性、効率性）の実現には疑問が残った。その結果、世界は自由化、発電・小売に競争原理を導入することとなった。

競争システムの中では、Economyは達成されやすくなるが、Reliabilityの解決に課題が残るようになる。再エネ普及とも相まって需給調整、予備力の確保、混雑処理を含む送電線の効率的な配分に工夫が必要となる。これは、価格等の変動リスクをいかに克服するか、ヘッジするかという問題でもある。解決策は、やはり市場機能の活用と急速な発達を遂げているICTの活用である。その中核に位置するのが卸取引市場である。先物取引や相対取引に基礎となる情報を提供し、需給変動を吸収する柔軟性の活躍を促し、緊急時や長期の安定性の支えとなる予備力の所要数量と価格を明示する。また、混雑を把握する上で時々刻々の潮流計算が不可欠となる。市場は、その基礎情報を提供し、それを活用するICTが重要になる。

長期予備力の確保については、卸市場とは別に容量市場を整備している地域もあるが、卸市場に影響が及び市場メカニズムを歪めるのではないかとの懸念もあり、出来るだけ歪めないように工夫を凝らしている地域もある。その代表がテキサス州のEnergy Only Marketということになる。

◆時系列にみる電力取引

自由化時代の電力取引を時系列に整理してみる。

・相対取引、先物取引、送電利用権予約等で、取引量や価格の変動をヘッジする。
・年単位、月単位、週単位で変動状況を確認し、必要とあれば取引を見直す。
・卸1日前市場（デイアヘッド）で、実需給時の数量・価格を確定する（スケジューリング）。相対取引の2地点間送電線利用権の行使方法について選択する。グリッドオペレーターは潮流のシミュレーションを行い送電線の混雑状況を確認し、混雑があれば再給電等の解消する措置をとる。
・その後実需給時に至るまで、卸当日取引（イントラデイ、リアルタイム）において、30分単位（日本）、15分単位（欧州）、5分単位（米国）で前日計画値からの乖離を修正する。グリッドオペレーターは、時々刻々の潮流シミュレーションを行い送電線の容量に収まっているかを確認する。市場参加者によるバランシンググループは、計画値との乖離が消滅するように調整力を調達する。

・TSOや市場参加者は、需給調整市場（バランシング市場）にて確保した予備力により、直前の乖離に備える。
・長期の予備力は、4〜1年前に実施される容量市場取引において確保する国、地域があるが、容量市場を利用しないシンプルな方法をとる国、地域もある。テキサス州は、短期の卸取引市場に予備力を確保するインセンティブを付与する等の工夫を凝らしている。

◆分かりにくい日本の市場整備

翻って、日本はどうか。基軸となる卸取引市場は、ここ1〜2年で取引量は急増したが、真に厚みが増えたかというとまだ課題は残る。数年前には電力取引量に占める割合は2〜3%に過ぎなかったが旧一般電気事業者の自主的な切り出し（余剰設備による市場への供給）、グロスビディング（自社取引の一部を市場経由とする）、間接オークション（連系線利用は卸市場利用を義務付け）の開始等により、直近では3割程度まで急増をみている。しかし、「事実上既存電力会社の内部取引が多い」、「当日市場や先渡し市場がほとんど機能していない」等の課題が残っている。先物取引を東京証券取引所に設けることについては、まだ議論の途上である（図4-6)。

その間、送電会社（TSO）が募集する「需給調整市場」および「容量市場」の2020年以降の開設が決まっている。海外では例を見ない原子力や石炭の長期取引を念頭に置いた「ベースロード市場」の開設も決まっている。自由化先進国では、最も重要な市場として、自由化を支える最大のソフトインフラとして卸取引市場の整備・拡充・革新が進められてきた。人為的な要素のある容量市場の創設に慎重になるのは、この卸市場の機能を歪めかねないとの懸念があるからだ。需給調整市場は、実需給前の活用を含めて整備が進められているが、当日市場の活性化を図ることが先決ではないか、との意見も多い。なお、米国ISOにおいては、需給調整市場に相当するアンシラリーサービス市場は、市場参加者が積極的に利用している。テキサス州は特にその傾向が強い。

◆先着優先ルールの早期解消を

発送電分離は、2020年に「法的分離」方式にて実現する予定であるが、実質「所有分離」のEU、「機能分離、ISO方式」の米国と比べて、送電部門の中立性確保という面で見劣り観は否めない。また、既存発電設備の送電線への「先着優先」ルールは、混雑する際には、「市場で選ばれる効率の良い設備」と「送電線利用権を持っている既存設備」とで、どちらが優先するのかといった混乱が生じる。自由化開始直後にオープンアクセスに踏み切った欧米のノウハウを参考に、早期に解決を図るべきである。

コラム：ベースロード市場

【ベースロード市場が必要とされる背景】

わが国では、2020年度より「ベースロード市場」が創設される。これは海外では存在しない。原子力、石炭、一般水力、地熱の「ベースロード電源」は、開発するのに長期間を要し、旧一般電気事業者および電源開発（株）など、そこと長期契約を結ぶ卸電気事業者がほぼ独占的に保有している。新規電源として期待される再生可能エネルギーは、これまで開発されたそのほとんどは太陽光発電であり、稼働時間は限られる。従って、新電力はベースロード電源を持っておらず、卸取引市場が未発達な中では、調達に支障が生じる。ベースロード市場は、大規模事業者が持つベースロード電源を新電力に販売する場を提供する手段として導入される（図4-10）。

図4-10　ベースロード市場の必要性

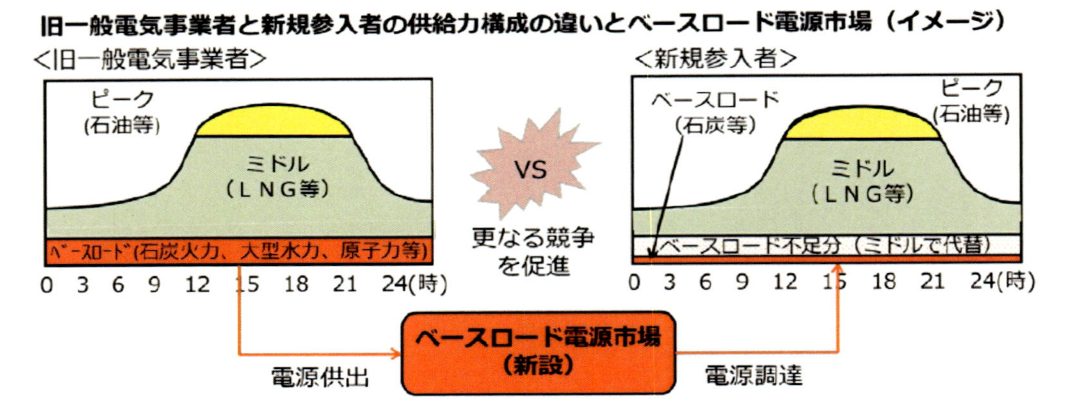

出所：電力システム改革貫徹のための政策小委員会中間取りまとめ

ベースロード市場のルール整備は着実に進んできている。2019年3月19日の制度検討作業部会において、資源エネルギー庁が「ベースロード市場ガイドライン」を作成するかたちで合意された。その後、電力・ガス取引監視等委員会により、3月28日に「ベースロード市場ガイドライン」が公開された。7月には開設される予定である。以下、ガイドラインに沿って、同市場のポイントを整理する。

【市場設計のポイント】

・3つのエリア

北海道エリア、東エリア（東北、東京）、西エリア（中部、北陸、関西、中国、四国、九州）の3エリアに分かれて実施される。これは連系線が混雑する際に生じる市場分断の実績から判断。

・発電平均コストをベースに上限価格を設定

販売価格は、発電平均コストを基礎とし、オークションにより基準エリアプライスが決まる。発電平均コストから容量市場での収入を引いた水準が上限値とされる（図4-11）。グループ内の小売部門に対する金額と比較して不当に高い水準であるかなどについて電力・ガス取引監視等委員会が監視する。

図4-11　ベースロード市場への供給価格は平均費用が基礎

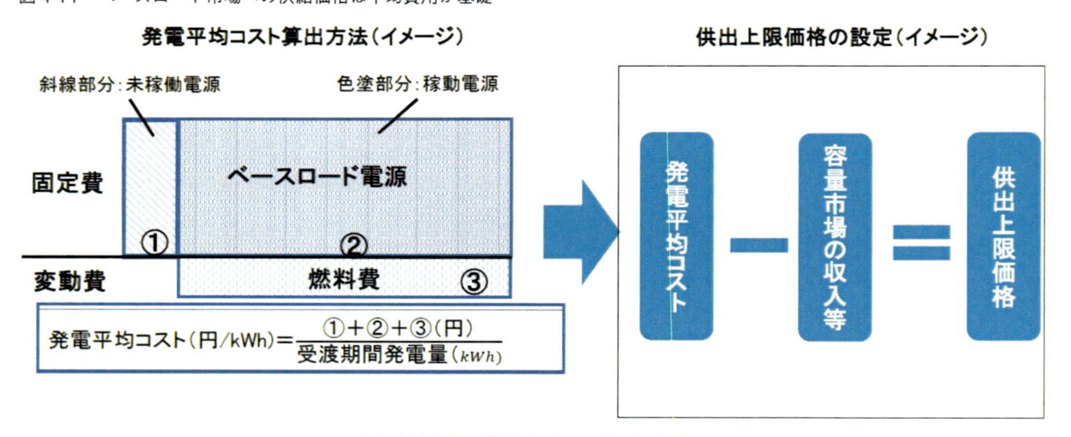

出所：電力・ガス取引等監視委員会

・市場規模は新電力シェアの約56%

開始当初は、新電力のシェア、中長期的なベースロード比率56%（長期需給見通しを基に算定）から決まる。例えば新電力シェアが12%の場合は、供出量は約560億kWh（約8300億kWh × 12% × 56%）と試算される。十分な電力がベースロード市場に投入されているかについては、電力・ガス取引監視等委員会が監視する。

・新電力各社が購入できる「ベース需要」を設定

日別のベース需要のうち、年間18日程度（=365日× 5%、2.5週）下位の需要を除いた数値に設定。

・先渡し等卸市場が活性化するまでの措置

「適正な電力取引についての指針」を改訂し、「大規模発電事業者は、卸電力取引所など卸電力市場が活性化されるまでは、新電力のベース需要に対し十分な量を市場へ投入するような配慮を行うことが適当である」ことを確認する。

以下で、このベースロード市場について考察する。

【過渡的な長期相対取引「市場」】

材、プレーヤー、数量、価格に制約がつく「官製市場」であり、常識的な卸市場（短期現物取引を扱う）、資本市場（長期金融取引を扱う）ではない。材は旧一般電気事業者が所有するか長期契約で確保している設備（既存設備）から生まれる電気であり、出し手は既存事業者で買い手は新電力（他地域で事業を行う旧一般電気事業者の小売部門を含む）である。オークションを行うが、限られた商品、制約のある供給量と個別需要量、固定化される売り手・買い手という特徴があり、相対に近い性格がある。また平均コストを基礎とするもので、「総括原価」類似の考え方と言える。

中長期の取引が想定されることから、先渡し取引と競合する。どちらが優勢となるかであるが、圧倒的な供給量を持つ既存事業者は、確実に高く売れる可能性が高い「ベースロード市場」に出すだろう。市場支配力と言ってもよい。これは、「自由化においてもある程度コスト保証を付与する」という矛盾したものになる。市場と言いながらクローズドなシステムで、原子力、石炭の市場放出（切り出し）がここに限定され、先渡しやスポットに出てこない懸念、卸市場骨抜き化への懸念がある。

悩ましいのは、既存事業者の財産や契約を強制的に取引市場に放出させることの可否である。これは公益性とのバランスになる。既存事業者が既存の大規模設備を確保しており、取引のほとんどが長期相対契約で取引市場に出てこない現状では、何らかの手段で、供出（切り出し）させる必要がある。多くの新電力が、卸市場の未整備により、安定電力が不足していることも事実である。その意味で、総括原価に近い「市場」を過渡的に作り、市場整備の一歩とするならば、やむを得ない面がある。過渡的である、卸市場全体を歪めないなどの明確な宣言の下にやむを得ないものと考える。しかし、過渡的であることの保証がない。

【原子力・石炭のストランデッドコスト回収システム】

見方を変えると、これは旧電力会社資産のストランデッドコスト回収システムである。自由化前の発電資産は、総括原価によってコストの回収が保証されていたが、自由化後の販売価格は、市場で決まることから、この保証がなくなる。メリットオーダーでは、限界設備の燃料費はカバーできるが、固定費まで回収できる保証はない。米国では自由化に踏み切る際、いくつかの州でストランデッドコストへの配慮が見られた。同コストの回収と自由化推進がセットでもあった。

１つの方法として、火力発電の売却を促す。発電所の価値について、自由化を前提に市場で評価を受けることになり、卸市場の整備にもつながる。売値が簿価を下回れば、それがストランデッドコストとみなせる。実際は高く売れるケースが多かった。あるいは、自由化後一定の期間、販売価格を高く設定することを認める。特に、柔軟運転が困難で、初期投資が高く運転終了後のコストが見極めにくい原子力は、自由化で窮地に陥るのでは、と懸念された。実際には、自由化後、設備利用率向上、運転期間延長等で杞憂に終わるケースが多かった。

このように、米国では、自由化に踏み切る際に、ストランデッドアセット（座礁資産）問題として、卸市場放出あるいは火力発電設備売却の見返りとして、特別に回収できる期間を設けた。日本は、1999年に小売自由化が始まった際、対象需要家が高圧をカバーする６割に達する際に、議論する機会があった。その部分は総括原価から外れるからである。先送りした付けが回ってきたと言える。

昨今、「ミッシングコスト」という言葉が登場し、コスト回収が当然のような雰囲気が作り出されているが、「ストランデッドコスト」が基本である。要は、既存事業が、ルールが変わり確実に回収できなくなる懸念があり困るので救済しましょうということである。ルールの変わり目ですべき議論である。ミッシングコスト回収が当然という考えは、総括原価そのものであり、自由化推進と真っ向から対立する。

5

第5章　ERCOTの市場プロセスと信頼度維持対策

第4章で、自由化時代における電力取引の概要を解説した。電力事業が適切に運営されるためには、信頼度維持（Reliability）と経済性・効率性（Economy、Efficiency）を両立させることが、自由化以前でも以後でも不可欠となる。また、市場取引の時系列に沿った解説も行った。

続く第5章では、5.1節でERCOTにおける電力取引の流れを時系列で見ていく。基本的に、ノーダルプライシングをとる他の米国のISO、RTOと同一であるが、世界で唯一とも思えるEnergy Only Marketならではの特徴も垣間見える。5.2節、5.3節ではEnergy Only Marketを特徴とするERCOT市場の運用について、短期市場だけでどのように信頼度維持（Reliability）を確保しているのかについて解説をする。

5.1 ERCOTの市場取引のプロセス

ここではERCOTの市場取引のプロセスに焦点を当てて解説する。運用予備力利用価値ORDC、待機設備コミットRUC、混雑収入権CRR、2地点間予約行使P2P等の信頼度維持に係るプロセスが登場するが、これらについては5.2節、5.3節で紹介する。

5.1.1 ERCOT市場の流れ：概観

図5-1、図5-2は、ERCOTの市場取引に係る事象を時系列的に俯瞰したものである。

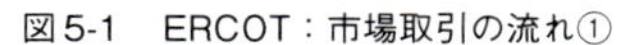

図5-1 ERCOT：市場取引の流れ①

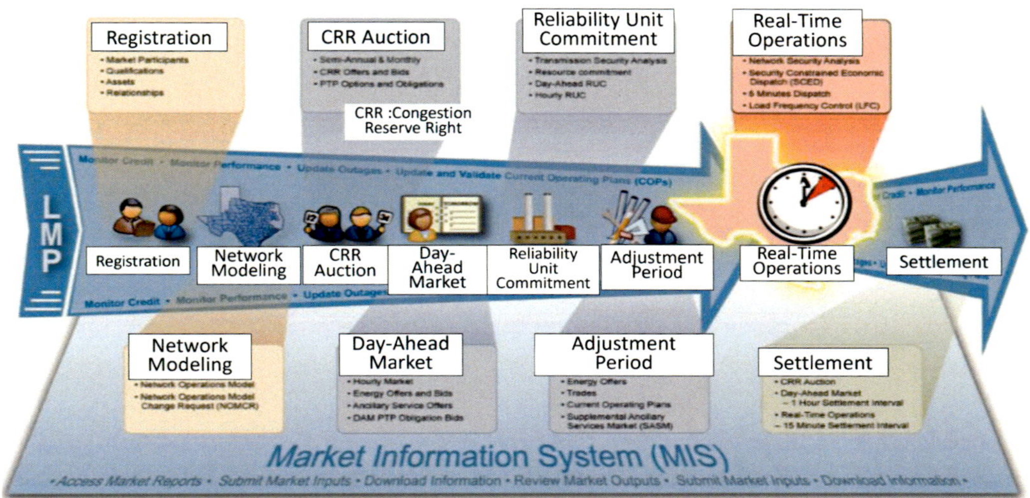

出所：ERCOT, ERCOT Market Design

◆Registration、Network Modeling

取引市場に参加するためには登録する必要がある。代表的な参加者は、電力の供給者（発電会社、アグリゲーター等）、および、需要者（小売会社、大口需要家等）である。自由化は誰もが自由に取り引きできること（Liberalization）ではない。一例を挙げると、市場参加においては、旧電力会社が優越的な地位を行使できないように、様々な規則に従わなければならない。資格、資産、関係等に関する取り決めがある。

◆CRR Auction

具体的な市場取引に係る契約としては、送電線利用の予約がある。これは、中長期の相対契約に付随する送電線を利用する権利について、系統運用者としてのERCOTと契約（予約）する

図5-2　ERCOT：市場取引の流れ②

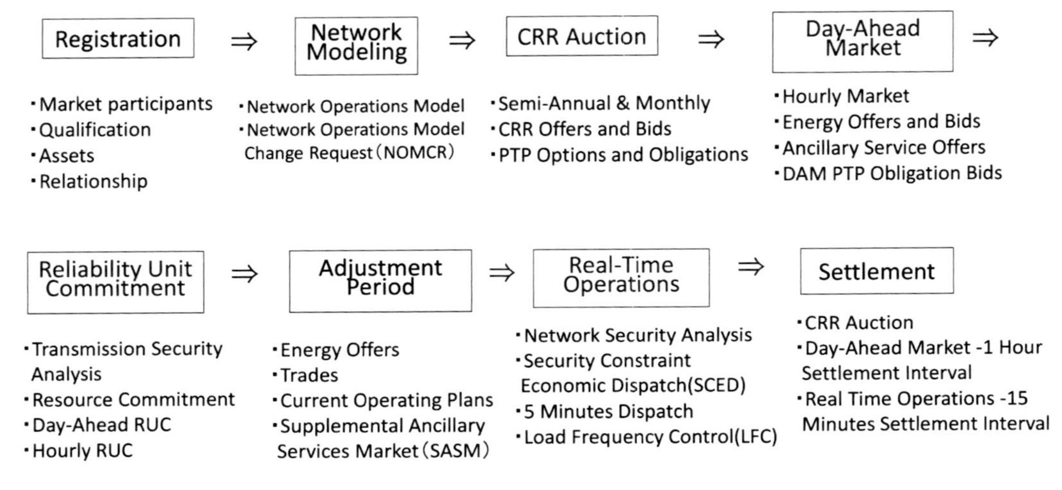

出所：ERCOT, ERCOT Market Design

ものである。半年前、1カ月前の2種類がある。供給側はオファーを、需要側はビッドを行う。1日前市場（DA）で、取り消しを含めて見直すことができるオプション（ノンファーム契約）と引き続き予約を継続するオブリゲーション（ファーム契約）とがある。

◆Day-Ahead Market：前日市場

前日市場（前日6:00オープン、決済開始10:00、結果提示13:30）は、実際のスケジュールを決める最初のステップとなる。1時間ごとの取引となる。「エネルギー（kWh）」について供給側のオファーと需要側のビッドがある。「アンシラリーサービス」は、数秒単位の周波数調整力や10～30分での計画値からの変動をカバーするために備える予備力について、ERCOTが募集し（取引の場を提供し）リソース所有者がオファーする取引である。基本的に容量kWの取引となる。また、「送電線予約」について、1日前に混雑状況に合わせて見直すプロセスがある。

◆Reliability Unit Commitment

前日から当日（リアルタイム市場）に至るまでに重要なプロセスがある。RUCは、稼働準備ができているリソース（電源等）がどのような行動に出るかを把握するためのプロセスである。市場取引外の緊急時に、ERCOTは供給者に指示を出して、立場を明確にしてもらう。主に混雑管理（再給電）に利用できるリソースに準備してもらう。指示を出すタイミングは、1日前と1時間前である。

◆Adjustment Period（適用期間）

前日市場からリアルタイム市場までの時間は、計画値設定後（スケジュール確定後）に続く「適用するための期間」として利用される。リアルタイム市場は5分ごとに調整され、価格が提示されるので、1日前・1時間前からでも状況変化を読み取り、微調整を行うことができる（送電予約は1日前がラストチャンス)。エネルギーのオファー、トレード、運用計画、アンシラリーサービスの補完を調整する。

◆Real-Time Operations(リアルタイム市場運用)

実需給の直前(1時間前)の市場取引となる。前日市場後の計画値(スケジューリング)を基に潮流計算を行い、混雑有無等の分析を行い、経済性・信頼性を両立する需給調整SCEDを、5分間隔で実施する。実需給ディスパッチを行うギリギリまで混雑処理を含む市場取引・運用を実施する。

◆Settlement(決済)

各種取引の金銭的な決済を行う。CRRオークションおよびDA市場は1時間間隔で、RT市場は15分間隔で決済を行う。

なお、図5-3は、ERCOTのコントロールルームにおけるレイアウトと責任体制を示しており、上記の取引の流れを反映している。

デスク(責任領域)は、Real-Time、Transmission and Security、Resource Operations、Shift Engineer、Shift Supervisor、DC Tie、Reliability Unit Commitment、Reliability Riskの8つからなる。

図5-3 ERCOTのコントロールルームのレイアウトと責任分担

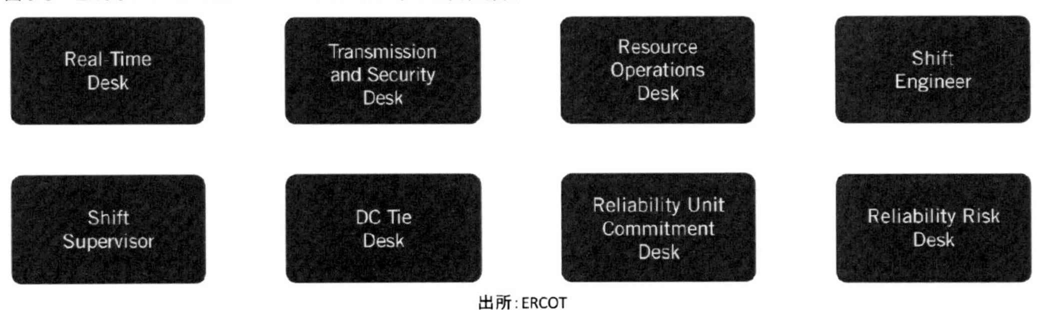

出所:ERCOT

5.1.2 市場取引のプロセスと特徴

以下で、時系列に沿って、ポイントを解説する。

◆1 中長期取引

■相対取引

一般に、量や価格の変動リスクをヘッジするために、供給側と需要側との間で中長期の相対取引が結ばれる。ERCOTでは、これが電力取引量の7~8割を占める。通常これは、物理的な受け渡し義務を負わない金融取引である。実需給が近づくにつれて、物理的な受け渡しをするのか否か、他の条件の良いものに変更するのか否かの決断を迫られることになる。前日市場において、すなわち実需給の1日前のより実際に近い需給状況をにらんで変更することができる。1日前までに決まった取引は、約定（コミットメント）済みであり、リアルタイム市場で修正しない限り、変更できない。

■混雑収入権CRR（Congestion Reserve Right）

相対契約を締結する際に、互いに量と価格について約束するが、加えて送電線を使用する権利について、系統運用者（ERCOT）との間で契約を行う。これは金融取引として予約をしたことになる。実需給に近づくにつれて予約した権利を行使するのか否かの決断をしなければならない。予約しておきながら使わない場合はペナルティが課される。

また、LMP制度の下では、混雑により区域間で値差が頻繁に発生することから、事業者はこの値差をヘッジする必要が出てくる。この値差補てんを予約する仕組みが混雑収入権（CRR：Congestion Revenue Right）である。送電線利用料金の混雑による変動をヘッジすることが目的である。入札（Auction）により権利を取得するが、月単位と半年単位が存在する。長年（歴史的に）実績のある相対取引は、低価格で配分（Allocation）される。CRRは前日取引時点での値差を補てんする。前日からリアルタイム取引時点までに生じる混雑リスクに対応するのが「P2Pオブリゲーション」である。

◆2　前日市場①：3つの取引（エネルギー、アンシラリー、P2P）

前日市場（DA）は、実需給の1日前の時点で、需給と送電線利用を確定することを目的に開設される。どこの発電所がいつどの程度の量をいくらで稼働するのか、どこの需要家がいつどの程度の量をいくらで購入するのか、潮流は送電線の運用容量に収まっているのか、収めるための混雑対策をどうするのか等について計画を確定する（スケジューリングが完了する）。もちろん実需給までの間に予想が変わるので、その後リアルタイム市場で修正される。

前日市場にはエネルギー取引、アンシラリー取引、P2P取引の3種類がある。リアルタイムがメインマーケットであるERCOTでは、前日市場は基本的に金融取引である。

①エネルギー取引

エネルギー取引は、一般的な卸市場取引であり発電電力量（kWh）単位での取引となる。メリットオーダーの下では、供給は限界費用の低い設備から採択（約定）される。燃料費ゼロの再エネ、燃料費の安い原子力の順に採択されるが、一般に火力発電が需給均衡を形成する「限界設備」となる。火力は燃料として石炭と天然ガスとがあるが、シェールガス革命により資源が豊富で低価格の天然ガスを燃料とする高効率コンバインドサイクル発電が、限界設備となる場合が多い。天然ガス火力と競合する石炭は、天然ガス価格の影響を受けて燃料価格は低下している。いずれにしても天然ガス価格の変動が卸電力価格の変動に直結し、両者は高い相関を持つものとなっている。

②アンシラリーサービス

◇3種のサービスを事前割り当て

アンシラリーサービスは、市場取引クローズ後の需給調整を担う短期予備力の確保と提供をその役割とする。安定供給に責任を負うERCOTが募集し、リソース所有者が応募する需給調整のための取引である。供給量kWhだけでなく容量kW単位の取引となる。周波数調整用のRegulation、予測値からの乖離を短時間で調整するResponsive（Spinning-Reserve）、および、Non-Spinningの3種類があり、それぞれERCOTの指令を受けて数秒後、数分後、数十分後には稼働できるリソースである。RegulationにはUpとDownがあり、Spinning-ReserveとNon-Spinningは「運用予備力」と称される。3つのアンシラリーは、それぞれガバナフリー機能に優れた安定出力電源、出力変動の幅を大きく取れる稼働中の設備、迅速な起動停止が可能な設備が対象となる。

短期市場のみが存在し、参加者の自主調整を前提としているERCOTでは、アンシラリーに関しては毎年11月に翌年分の量と価格を決め、販売実績に応じて参加者に分配する方式をとっている。これは、PJM等で採用されている容量市場の方式と似ている。実需給の前日の段階で、アンシラリーの不足が予想される場合は、参加者は不足分を確保する義務を有するが、ERCOTへ委託も可能となっている。

◇取引容量

図5-4は、2017年のアンシラリーサービスの月別容量を示している。年間を通じて月別の差は小さく、安定的に推移している。種類を見ると、Responsive（Spinning-Reserve）が過半を占めており、Non-Spinning-Reserveが次に多く、Regulationは最も少なくなっている。

図5-4　アンシラリーサービスの月別容量

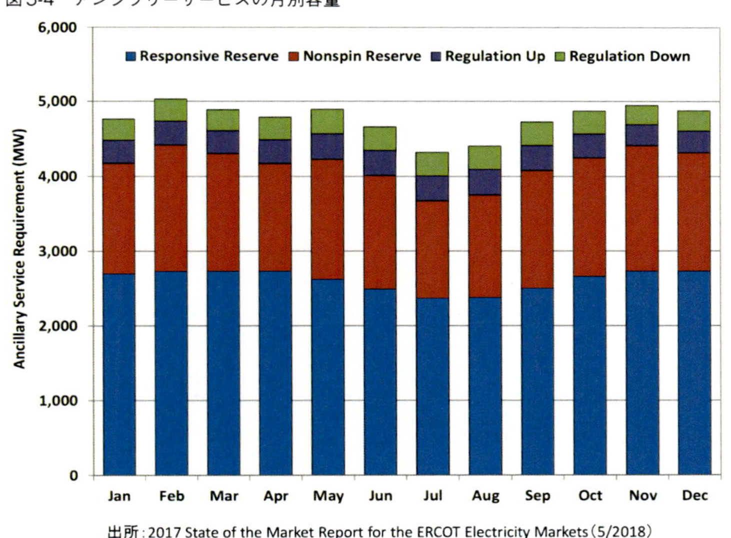

出所：2017 State of the Market Report for the ERCOT Electricity Markets（5/2018）

◇取引価格

図5-5は、アンシラリーサービスの市場価格を種類ごとに示したものである。左表は、2016年と2017年について電力量（アワー）換算で表示した。Responsiveが最も高くMWh当り11.10→9.77ドル、Non-Spinningが最も低く3.91→3.18ドル、Regulationが中間で6〜8ドルである。右

のグラフは、2017年の月別・種類別のアンシラリーサービス価格の推移である。単位はMW当りである。Non-Spinningは1〜5ドルと低いが、Responsiveは7〜13ドル、Regulation-Upは6〜14ドル、Regulation-Downは4〜12ドルとなっている。

図5-5　種類別アンシラリーサービス市場価格

	2016 ($/MWh)	2017 ($/MWh)
Responsive Reserve	$11.10	$9.77
Nonspin Reserve	$3.91	$3.18
Regulation Up	$8.20	$8.76
Regulation Down	$6.47	$7.48

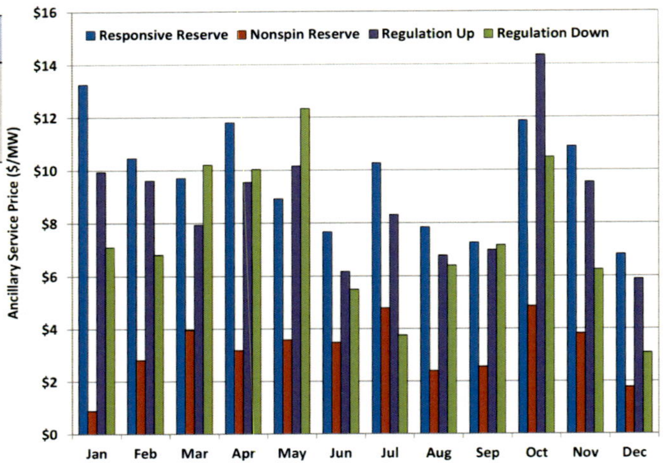

出所：2017 State of the Market Report for the ERCOT Electricity Markets（5/2018）

③ P2P：前日取引では最大のボリューム

前日市場の3番目の取引が「2地点間予約行使P2P（Point to Point Obligation）」である。あるin（供給地点）-out（需要地点）の2点間における送電線混雑による価格変動をヘッジする取引である。相対取引に関しては、CRRにて前日市場で顕在化する混雑リスクをヘッジするが、その後、実需給5分前までに生じる混雑リスクをヘッジする必要がある。CRR権利保有者は、同一ルートについて前日市場で予約を取り消すか（Option）、継続するか（Obligation）を選択するプロセスがある。この取引は広く利用されており、前日では最も大きい存在感を示している。他のISOでも、PJMのFTR等、類似の手段はあるが、リアルタイム市場で生じる混雑リスクのヘッジ取引は小規模である。リアルタイム市場の重要度が高いERCOTの大きな特徴の1つと言える。

図5-6は、2017年の前日市場の月別取引量を示している。下の折れ線グラフは前日市場での買い取引量を示している。中間の折れ線グラフは、リアルタイム市場の需要をヘッジしている量であるが、P2Pオブリゲーションを利用している。上の折れ線グラフはリアルタイム市場の需要量である。前日取引量はリアルタイム取引量の6割程度であるが、P2Pがリアルタイム取引量の8割程度を占めていることを勘案すると、ヘッジは行き届いていると考えられる。

◆3　前日市場②：特徴

■ほとんどは金融取引

実需給の1日前と、より実際に近い需給状況をにらんで取り引きできるために、多くの参加

図5-6　前日市場の月別取引量（2017年）

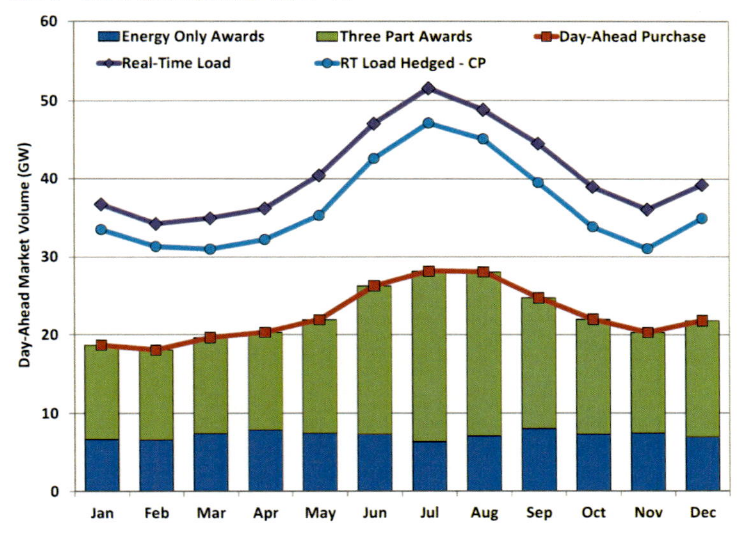

出所：2017 State of the Market Report for the ERCOT Electricity Markets（5/2018）

者は前日市場を利用している。ERCOTでは、前日市場もほとんどが実質金融取引である。これは、ERCOTでは実需給5分前まで取引が可能となるリアルタイム市場がメインであり、参加者はここを通す義務があるからである。5分以内に需給・混雑シミュレーションを行うわけであるが、ERCOTは他市場に比べてシミュレーションを迅速かつ正確に行うことができていると自負している。

■参加は自由

前日市場への参加は自由である。これは、容量市場が存在しないからである。容量市場のあるPJMでは、前日市場への参加が義務付けられている。代わりに、ERCOTではリアルタイム市場への参加が義務付けられている。

■高いリアルタイム市場価格との相関

図5-7は、ERCOT前日市場の特徴を示している。2017年における前日市場とリアルタイム市場の月別平均価格の推移である。前述のとおりERCOTにおいてリアルタイム市場が実需給に直結する最も重要な市場であり、参加が義務付けられている。前日は概ねリスクヘッジを目的とする金融取引が中心である。前日とリアルタイムとの乖離は小さく、裁定がよく働いていることが分かる。

■エネルギーとアンシラリーの同時最適：Co-Optimization

なお、前日市場においては、エネルギーとアンシラリーは共通のオファー対象（Co-Optimization）となっている。これは、リソース所有者は、両市場に同時にオファーできることを意味する[1]。リソースの性格に応じて、必要となるリソースの種類（電力量kWh、容量kW、瞬発力Δ kW）

1. 例えば、グループ全体で持つ資源の一部をアンシラシー、他をエネルギーにオファーするやり方、また1つの火力発電所を時間で分けてアンシラシー、エネルギーにオファーする例などがある。

図5-7　前日価格とリアルタイム価格の月別推移（2017年）

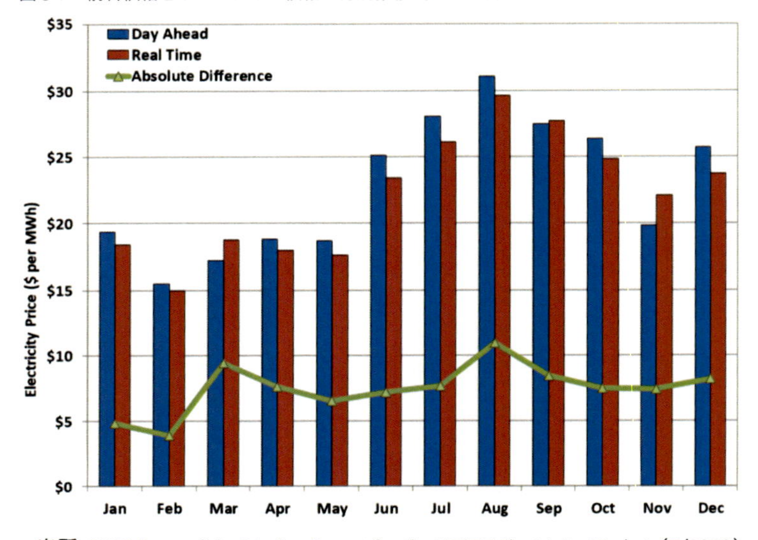

出所：2017 State of the Market Report for the ERCOT Electricity Markets（5/2018）

に応じて、量と価格は変動するが、経済価値がベストとなる組み合わせを選択できることになり、資源の効率的な利用に寄与する。市場運用と系統運用を合わせ行使できるISOならではの長所と言えよう。なお、リアルタイム市場では、Co-Optimizationは採用されていない。その代わりに運用予備力利用価値（ORDC：Operating Reserve Demand Curve）が存在する。これはエネルギー（kWh）と予備力（kW）を関連付けており、ORDCは簡易版Co-Optimizationとの意味合いを持つことになる。

◆4　リアルタイム取引：Energy Only Marketの拠り所

リアルタイム取引は、ERCOT市場において最重要のプロセスであり、Energy Only Marketの肝である。既に、これまで何回か紹介してきたので、ここではポイントを解説する（図5-8）。

ERCOTにおいては、リアルタイム市場は基本的に欧州の当日取引に相当する。前日市場で確定したスケジュールを、その後の状況変化に合わせて修正する過程であることは同様である。市場参加者はリアルタイム市場への参加義務があり、物理的に需給が一致することを担保する取引となる。市場参加者は、自主的に実績値を計画値に一致させる義務を負う。リアルタイム市場では、5分間隔で混雑処理を含めた最も低コストの需給調整が行われる。決済は15分間隔で行われる。金融取引である前日市場との価格乖離は小さく、両市場の裁定は十分に働いている。

前日市場では、エネルギー（Energy）とアンシラリー（Ancillary）の同時最適運用Co-Optimizationが認められていたが、リアルタイム市場では、それはない。代わりにその簡易版とも言える「運用予備力の水準とエネルギー価格をセンシティブにリンクさせた仕組み」である運用予備力利用価値ORDC（Operating Reserve Demand Curve）が存在する。予備力が減ってくるとkWh当りの市場価格が急騰するカーブを予め提示しておく。予備力が2000MWまで縮小する時点で価格はMWh当り9000ドル（kWh当り9ドル）まで上昇する。予備力を予測することで販売電

図5-8　All-in平均リアルタイム価格の推移（ERCOT、15/1～17/12）（図3-8再録）

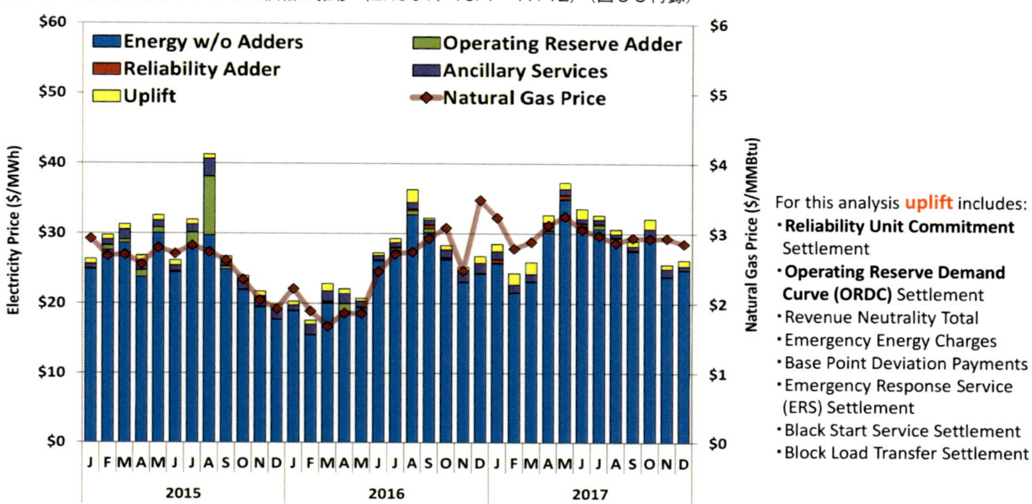

出所：2017 State of the Market Report for the ERCOT Electricity Markets（5/2018）

力量（kWh）の市場価格水準が予見でき、青天井の価格は投資を誘うことになる。

また、ERCOTには、予備力や混雑が予測よりも悪化することになる場合、稼働できる状況にある設備に指示を出して待機させておく仕組みがある。これが待機設備コミット（RUC：Reliability Unit Commitment）であるが、1日ごとおよび1時間ごとに指示が出る。

ERCOTの市場はシンプルである。容量市場がなく、リアルタイム市場ではCo-Optimizationに代わるORDCがある。ERCOTは、自らのシステムの最大の強みとして、シミュレーション速度が速いことを挙げている。最長で5分であり、実際はより短い時間でシミュレーションできると豪語する。このため、風力発電等を正確に予測することができ、再エネ普及に適したシステムとなっている。この迅速なシミュレーションが可能となるのは、市場構造がシンプルだからである。この優れたリアルタイム市場の存在により、経済性と信頼性とが両立できるEnergy Only Marketが可能となっている。

5.2　信頼度維持手段①：予備力Reserveの確保

前節では、ERCOTの市場取引プロセスについて、時系列的に解説した。本節では、Energy Only Marketとして、信頼度（Reliability）を維持するために、どのように予備力（Reserve）を確保しているかについて、詳しく解説する。

5.2.1　Reliability対策の基礎：計画予備力の確保

ERCOTは、Energy Only Marketが最大の特徴であり、卸市場を中心とする短期取引のみで、Reliabilityの基礎となる予備力（Reserve）や混雑処理（Re-Dispatch）のための設備を確保するシステムとなっている。容量市場は、経済性（Economy）の課題があるという判断の下に、採用していない。それではEnergy Only Marketだけでどうやって予備力等を確保するのであろうか。これには、いくつか手段がある。

まず、信頼度維持の基礎となる予備力の確保について、基礎的な事項を解説する。信頼度を維持するためには需要と供給の一致は当然として、予備力の確保、混雑管理等を確実に実施することが不可欠になる。

予備力とは、通常は年間ピーク需要を一定程度上回る設備容量のことを意味する。ピーク需要を分母に発電設備等の容量を分子として1割程度はあって欲しいという議論になる。需要予想が上振れする、メンテナンス時期がずれる、予期せぬ故障が発生する等を織り込む必要があるからだ。従来から、こうした考え方は供給信頼度の基本としてあった。電源開発には長期を要することから、10年程度先を見越して確保する必要があり、計画予備力（率）と称し、長期的な視点を織り込んでいた。

◆総括原価方式

自由化前の地域独占、発送電一体体制の下では「総括原価方式」により所要投資の回収は保証されていた。所要投資のなかには計画予備力を満たす設備が含まれていた。

◆容量市場

自由化後は、発電設備の投資回収は市場価格によるところとなり、全ての電源が回収できる保証がなくなった。卸市場は、エネルギー（電力量、kWh）が取り引きされる場であり、供給量は限界費用の低い設備のものから採択（約定）され、需給均衡点に位置する設備の限界コストが全ての採択設備に適用される。その水準は、固定費を含む費用に足りるかもしれないし不足するかもしれない。

そこで国、地域によってはいつでも稼働できる状況にある容量（Resource Adequacy）の価値を取り引きする「容量市場」を創設し、固定費の回収にも配慮することとなった。それが投資意欲を刺激し予備力維持に寄与することになる。しかし、容量市場により固定費回収が保証されるものでは必ずしもない。そうであれば総括原価との差違があいまいになり、自由化した意味が問われることになる。

容量市場を備えている国や地域は少なくない。米国でこれを採用しているISO、RTOはNYISO、ISO-NE、PJMである。ERCOTでは容量市場は存在しない。容量市場の入札対象となる期間（何年先の需給に対応するのか）は、日本がお手本としているPJMは4年先、NYISOは最長で1.5年先、ISO-NEは4年先となっている。この年数は、予備力を用意できるリードタイムと考えられる。PJMの4年は天然ガス火力を想定していると言われる（石炭の新設は困難で、まして原子力はありえない）。容量市場は、市場参加者に強制的に長期予備力を確保させる仕組みである。この市場が存在するISO等では、1日前市場には参加義務が生じる（稼働可能な状態に維持されている必要がある）。

◆容量メカニズム

CA-ISOには一般的な容量市場は存在しないが、小売会社が月単位最大需要量の115%をカバーする「強制的な供給能力充足要件」を参加者に課している。PJM等とERCOTとの中間にあると言える。ドイツも容量市場はなく、特定の石炭火力を予備力として指定し、一定の期間維持するのに要する費用を負担している。

◆ERCOTの運用予備力活用方式

さて、ERCOTの「Energy Only Market」である。これは、市場参加者の自主的なコミットメントにより供給能力を確保するものであり、1日前市場への参加は自由となる。以下、その仕組みを見ていく。

5.2.2　3つの予備力（Reserve）確保対策

◆1　アンシラリーサービス：系統運用機関が実需給局面で提供する予備力

系統運用者が提供する最終的な需給調整手段として「アンシラリーサービス」がある。市場取引終了後の実需給時において需給調整、周波数維持に責任を負う系統運用者は、需給の乖離をカバーする手段を持つ必要がある。それがアンシラリーサービスであり、自由化以前は中央給電指令所が提供してきた。これにはいくつかの種類があるが、連邦エネルギー規制委員会（FERC）は以下の3種類を定義付けている。Regulation、Spinning-Reserve、Non-Spinning-Reserveである。

短期周波数調整用であるRegulationは、数秒単位で調達できる設備でありUpとDownがある。ガバナフリー機能が典型で、自動的に回転数が変わることで調整でき、kWに対して対価が支払われる。

Spinning-Reserveは、稼働している設備の出力を変えることにより数分単位で対応できるものであり、対価はkWおよびkWhに対して支払われる。Non-Spinning-Reserveは、稼働していない設備を起動させることで調整力を提供するものであり、数十分単位で対応でき、対価はkWおよびkWhに対して支払われる。この2種類のサービスは、リザーブの名が付されているが、「運用予備力」と称される。以上のように、実需給時の調整手段であるアンシラリーサービスについては、kWhに加えて容量のkW価値や短時間に提供するΔkW価値を確保する必要がある。

Regulationは原子力、石炭火力等の安定電源、Spinning-Reserveは出力調整力に富む水力・火力、Non-Spinning-Reserveは起動停止力に富む水力・ガス火力の役割となる。しかし、これらの役割は従来型技術だけが持つわけではない。揚水（発電）、蓄電池、コジェネ、マイクロタービン、デマンドレスポンス等が該当する。

前述のとおりアンシラリーサービスは、自由化以前の垂直統合型の電力会社が供給責任を持っていた時代から存在する。系統運用部門（中央給電指令所）が身内の発電設備を特徴に応じて利用して、起動・停止や出力変更の指令を出して対応していた。送電部門が独立することにより、アンシラリーサービスについても市場から調達するようになる。

◆2　運用予備力利用価値ORDC（Operating Reserve Demand Curve）

テキサスのEnergy Only Marketでは信頼度を確保するために様々な工夫を凝らしている。最大の特徴は、リアルタイム市場に予備力の価値を明示する仕組みを組み込んでいることである。

予備力を維持する上で、最も重要で分かりやすい指標は長期的に供給力が足りていることを示す「計画予備率」（供給可能容量／予想ピーク需要量）である。将来10年程度の予想需要、特にピーク時の需要量を十分にカバーできる供給力を確保できれば理想的である。発送電一貫、総括原価方式はこの考え方であった。固定費・変動費に適正利潤を含めた経費がカバーされうる料金が設定されていた。それを需要家が全て負担する仕組みである。しかし、非効率性が目立つようになり、時代の変化に対応できなくなり、信頼性を含めて市場に委ねるようになった。

容量市場は、前述のように数年先の所要予備力（供給容量）を予想して、それを充足するリソースの容量を入札で募集するシステムである。中立的な機関が将来の予備力需要価値を推定・公表し、入札された供給カーブの交点で予備力とその対価（kW当り価値）が決まる。

さて、テキサス州であるが、ERCOTは2002年に容量市場なしで市場取引をスタートさせた。幸いにも当時ガスタービン技術の革新があり、ガス火力発電の建設ラッシュとなった。ガス火力はリードタイムの短い投資であり、自由化にマッチしているとも考えられた。その結果、供給力が飛躍的に増し、予備力不足の心配はなくなった。

2011年に猛暑・厳寒およびハリケーンによる停電の影響もあり容量市場の導入について議論が生じた。大きい論争となったが、2014年に導入なしで決着が付いた。その際に、短期のエネルギー市場のみで予備力（供給可能な容量）をいかに確保するか、その仕組みをどのように工夫するかについて多くの議論がなされた。そしてハーバード大学電気工学の大家であるホーガン教授の指導を受けて、ORDC等の導入に踏み切る。ORDCに関しては、次項でさらに解説する。

◆3　待機設備コミット（RUC）

ERCOTは発電設備の予備力や送電線等の運用容量（混雑度合い）について、時々刻々計算（シミュレーション）を実施している。これはTransmission Security Analysisと称される。市場取引のみでは不足が懸念されるような状況になると、市場参加者に指示・命令（Instruction）を出す。これが待機設備コミット[2]（RUC：Reliability Unit Commitment）であり、信頼性（Reliability）を確保するために発電設備（Resource）が稼働・提供を約束する（Commitment）プロセスのことである。これには2種類ある。一つは需要（増）に対応する設備の約束、もう一つは混雑処理に対応する設備の約束である。実際は、ほとんどは後者でありRe-Dispatch（再給電）ための設備容量を確保するために行われる。

ERCOTは、1日前と1時間前（ごと）にRUCの指示出しを行うが、それぞれDay-Ahead RUC、Hourly RUCと称される。市場参加者は、発電設備の起動、出力増あるいは停止、出力減の指示を受けた際に、その指示を受け入れるか否かのどちらかを選択する。指示を受け入れないのがOpt-Outであり、この場合は自主的に行動すると判断したことであり、リアルタイム市場での利益を享受できることになる。指示を受け付ける（Opt-Outしない）を選択した場合は、実施した際に生じる回収不足分は補てんされることになる。

5.2.3　運用予備力利用価値（ORDC）の開発と運用

◆短期の市場で取り引きされるkW価値

実需給時の調整手段であるアンシラリーサービスについても容量の価値kWの確保がある。テキサス州は、短期ではあるが調整力の価値を意識させることで予備力が維持できるような仕組みを構築することを考えた。卸市場取引の有する効率性を残しつつ設備容量（予備力）を維持しうる仕組みを考えたのである。経済理論的には、需給を完全に反映する価格形成を行い、逼迫時の高騰を妨げないようにすれば、投資誘因は働くと言われる。そのときの予測値を予め示しておくのである。それが運用予備力利用価値[3]（ORDC：Operating Reserve Demand Curve）である。

以下、ERCOT資料に基づいて、ORDCについて説明する。

◆（短期）予備力の価値：ORDC

図5-9は、ERCOTが採用しているORDCの模式図である。実際は季節・時間帯により最適と判断されるカーブは異なる（後述）。横軸は運用予備力に対する需要（Operating Reserve Demand）で単位はMWである。縦軸は運用予備力の価値（Value of Reserves）であり、単位は$/MWhである。予備力が5000MWを切るあたりから予備力稼働による発電電力量（アワー）の

2.「待機設備コミット」という日本語での名称は、筆者がその意味を考えて付けた訳語となる。

3.「運用予備力利用価値」という日本語での名称は、筆者がその意味を考えて付けた訳語となる。

価値が高くなり、予備力低下に伴い急勾配で高まっていく。予備力が2000MWになると垂直になり上限の9000ドル（9ドル/kWh、約1000円/kWh）になる。Energy Only Marketでは、需給に応じて価格は自由に動き、逼迫時は青天井を許容するが、9000ドルのキャップをかけている。この水準はVOLL（the Value of Lost Load）と称される。

図5-9　（短期）予備力の価値：ORDC

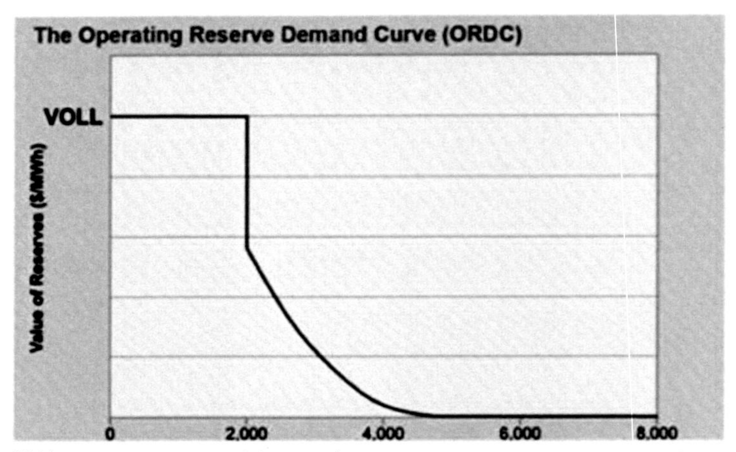

縦軸：Value of Reserves（＄/MWh）
横軸：Operating Reserve Demand（MW）
VOLL：the Value of Lost Load（9000＄/MWh）：Cap
LOLP：the Loss of Load Probability（10%）

出所：Power-Market

この図から分かるように、リアルタイム市場においては、運用予備力が希少になる状況下での予備力の価値を事前に決めておく。予備力の水準と価値が事前に分かることから、投資判断がしやすくなる。また、予備力（kW）の価値と発電量の価値（kWh）をリンクさせることで、リアルタイム市場でのエネルギー価格とアンシラリー価格の統合効果が生まれることになる。ERCOTでは、前日市場ではエネルギー（スポット）とアンシラリーに同時にオファーできるCo-Optimizationが導入されているが、リアルタイム市場で取り引きできるのはエネルギーだけである。PJMでは、リアルタイムでもCo-Optimizationが認められている。ERCOTのORDC制度は、リアルタイム市場Co-Optimizationの簡易版とみることができる。

◆2017年のORDC

図5-10は、ERCOTが2017年に実際に採用したORDCである。季節ごと、4時間単位ごとに最適と判断される計24通りのカーブを試算・提示している。図5-11は、冬季ピーク時と夏季ピーク時のORDCを示している。

図5-10　2017年のORDC（季節、4時間ブロック）

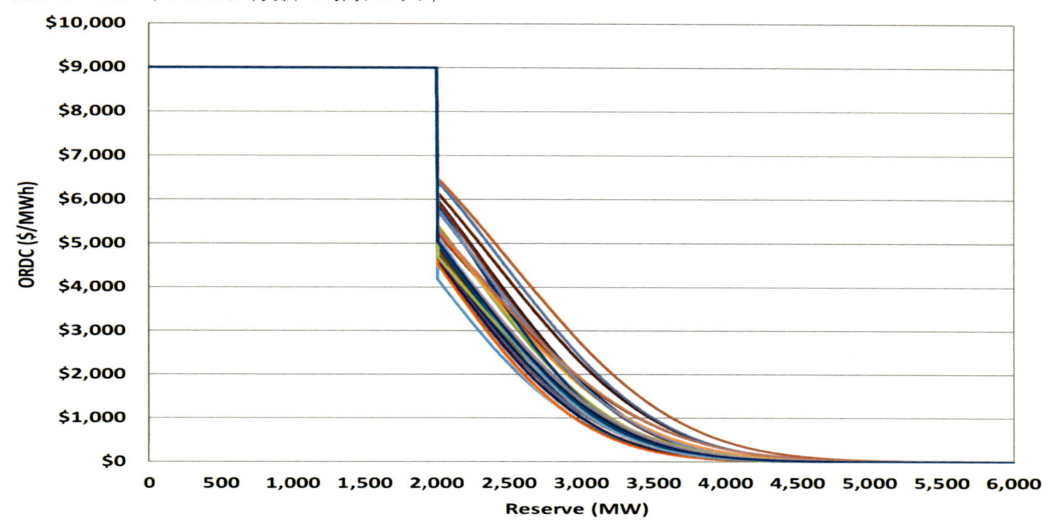

出所：2017 State of the Market Report for the ERCOT Electricity Markets（5/2018）

図5-11　ORDC：2017年冬季、夏季ピーク時

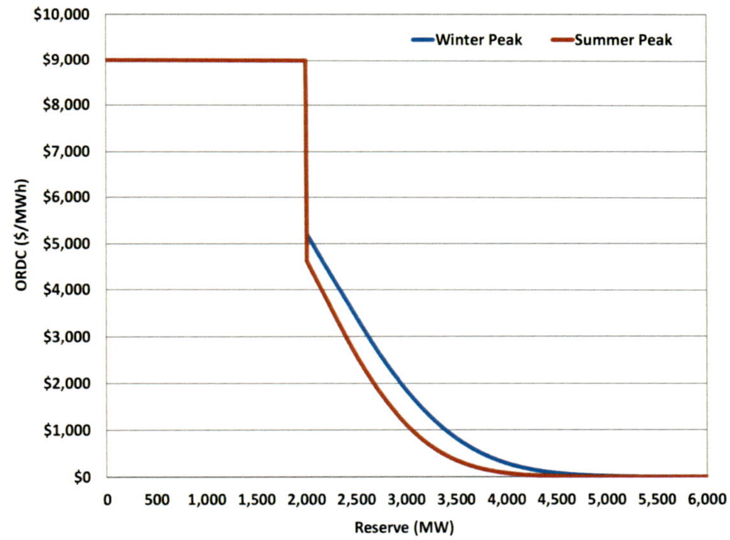

出所：2017 State of the Market Report for the ERCOT Electricity Markets（5/2018）

◆2017年の行使時間と価格

図5-12は、2017年におけるORDC発動に伴う行使時間[4]と価格水準を月ごとに示している。左縦軸が行使時間で右縦軸は平均価格である。当年は、年間行使時間は740時間と前年の720時間より3%アップ。月では1月、7月、8月が多い。予備力運用が生む価値"Operating-Reserve-Adder"は、全時間平均では0.24ドル/MWhである。前年の0.27ドルと比べ11%下がっている。行使時

4.ORDC発動に伴う行使時間：ORDCカーブ部分が適用された時間。

間平均では、8月が最も高く5.4ドルとなっている（前年は4月で6.7ドル）。年間平均リアルタイム価格は、2017年28.25ドル、2016年24.62ドルであり、それに比べると微々たる水準になっている。いずれにしても、2017年は、ORDCの運用は活発ではなく、引き続き運用予備力に余裕があったことが分かる。

図5-12　ORDC発動に伴う行使時間と価格水準（2017年）

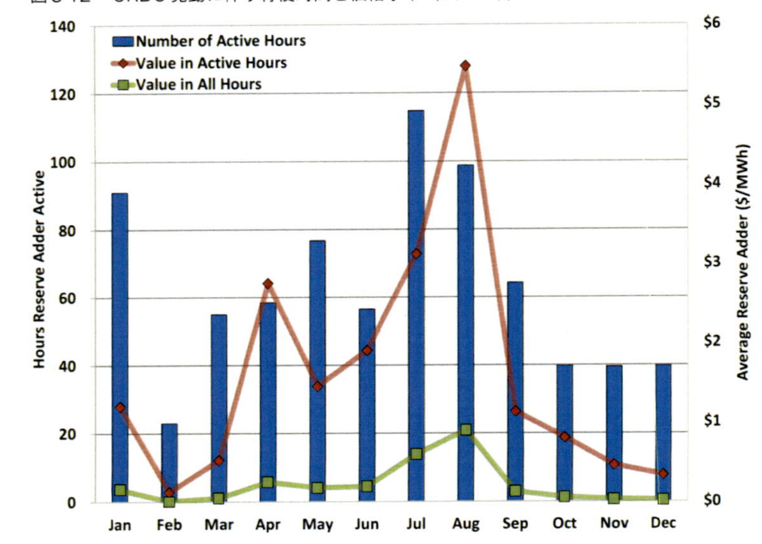

出所：2017 State of the Market Report for the ERCOT Electricity Markets（5/2018）

5.3　信頼度維持手段②：混雑対策（管理）

前節では、Energy Only Marketとして、ERCOTは信頼度（Reliability）を維持するために、どのように予備力（Reserve）を確保するかについて、説明した。本節では、やはり信頼度維持手段としての混雑管理（Congestion Management）について解説する。

送電線の運用容量を超える電力が流れる（流れようとする）場合、ロスが生じる、故障する、最悪停電する等のリスクが高まる。そうならないように流れを変える、出力を抑制する等の対策が必要になる。これが混雑管理である。ERCOTでは、時々刻々の潮流シミュレーションを行い、市場から発せられるシグナルをにらみながら管理し、流通設備の有効活用を図っている。また、混雑発生により生じるリスクを回避する手段も具備している。

5.3.1　混雑収入権（CRR）と再給電（Re-Dispatch）

相対契約を締結する際に、売り手と買い手は互いに量と価格について約束するが、その他に送電線を使用する権利について、系統運用者（ISO）との間で契約を行う（予約を行う）。LMP制度の下では、混雑により区域間で値差が頻繁に発生することから、事業者はこの値差をヘッジする必要が出てくる。この値差補てんを予約する仕組みは、PJM等では金融的送電権（FTR：Financial Transmission Right）と称される。

米国は、1996年にFERCのオーダー888および889により送電線は開放された。誰もが非差別的に送電線を利用できるようになったが、これはオープンアクセスと称される。発電事業が自由化されるとともに卸取引市場が整備され、活発に利用されるようになる。一方で、価格変動リスクを回避するために相対取引、先物取引が大きな役割を果たすようになる。その際に流通設備である送電線利用を予約する取引が活発に行われるようになる。卸市場が整備されてくると、相対取引の条件も参考指標である卸価格水準に収斂してくるが、送電線混雑コストに係るヘッジ手段も発達してくる。

◆混雑収入権（CRR）と前日の２地点間予約（P2P）

ERCOTでは、金融的送電権（FTR）は混雑収入権（CRR：Congestion Revenue Right）に相当する。送電線利用料金の混雑による変動をヘッジすることが目的である。CRRは、相対取引において、特定の発電地点（in）から需要地点（out）に関し、前日取引時点での混雑に伴い生じる値差を補てんする。一般に入札（Auction）により権利は取得されるが、月単位と半年単位とが存在する。長年（歴史的に）実績のある相対取引は、低価格にて配分（Allocation）される。

CRR保有により前日市場にて顕在化する混雑リスクはヘッジできるが、前日からリアルタイム時点までに生じる混雑リスクにも対応する必要がある。Energy Only MarketのERCOTではリアルタイム市場の役割は大きく、5分間隔で市場価格が変わる。このリスクに対応する取引が「P2Pオブリゲーション」である。CRR権利保有者は、同一ルートについて、前日市場にて予約を取り消すか（Option）、継続するか（Obligation）を選択することになるが、そのプロセスでもある。

このように、前日市場において、リアルタイム市場で顕在化する混雑リスクをヘッジする取引が行われるが、この取引は前日市場の主役となっている。これは他のISOに比べて際立つ特徴となる。P2Pは前日市場取引の過半を占めており、活発に混雑をヘッジしていることが分かる。P2Pは、前日市場が最終機会となるが、他のISOと比べると、その利用度合いは際立って大きい。

◆待機設備コミット（RUC）で混雑管理（Re-Dispatch）容量を確保

待機設備コミット（RUC：Reliability Unit Commitment）は、ERCOTが緊急時の需要、混雑処理に対応する電源を確認するために参加者に指示を発し、受け入れる用意があるか否か確認する一連のプロセスである。多くは混雑処理が目的となっている。このプロセスは、1日前（1日ごと、Day-Ahead RUC）と1時間前（1時間ごと、Hourly RUC）に実施される。詳しくは、予備力確保のためのRUCの箇所を参照されたい（5.2.2項）。

5.3.2　増加する混雑コストとより重要になる混雑管理

以下で、ERCOTの資料に基づき混雑管理の実際について解説する。

◆ゾーン別リアルタイム価格と混雑

表5-1は、ERCOTのリアルタイム市場年間平均価格の推移を示している。各ゾーンの値とそれを合計した全体値（ERCOT）である。多数のノード価格は、頻繁な変動を緩和するために、決済する際に地理的なまとまりがある4つのゾーン（Houston、North、South、West）ごとに集約され平均値が算出される。これが需要家への価格となる。ノードにおける混雑状況が各ゾーン価格に反映されており、興味深い。

全体価格は基本的に天然ガス価格に連動している。2011年は、例外的に市場価格が高くなっているが、猛暑・厳寒およびハリケーンの影響によりリアルタイム市場価格がスパイクしたからである。

ゾーンを見ると、Westの動向が興味深い。2012年から2014年にかけて全体値を大きく上回っているが、2016年以降はかなり下回っている。西部はシェール石油・ガス生産が活発化し、フラッキング等に伴うエネルギー需要は増えた。最近、平均値を下回っているが、これは新たな風力開発が進む一方で、ヒューストン向けのルートが混雑して流れが遮断されたことから、西部内では供給過剰気味になったためである。北部が近年低下しているのも同様の理由である。

他方、需要地であるヒューストンでは2017年に高くなっているが、やはり混雑の影響で他地域からの安い電力流入が滞ったからである。

表5-1　年間平均リアルタイム価格の推移（ゾーン毎）

($/MWh)	2011	2012	2013	2014	2015	2016	2017
ERCOT	**$53.23**	**$28.33**	**$33.71**	**$40.64**	**$26.77**	**$24.62**	**$28.25**
Houston	$52.40	$27.04	$33.63	$39.60	$26.91	$26.33	$31.81
North	$54.24	$27.57	$32.74	$40.05	$26.36	$23.84	$25.67
South	$54.32	$27.86	$33.88	$41.52	$27.18	$24.78	$29.38
West	$46.87	$38.24	$37.99	$43.58	$26.83	$22.05	$24.52
($/MMBtu)							
Natural Gas	$3.94	$2.71	$3.70	$4.32	$2.57	$2.45	$2.98

出所：2017 State of the Market Report for the ERCOT Electricity Markets（5/2018）

図5-13は、混雑コスト推移を示している。右側3列は2015年から2017年にかけての年間コストであるが、顕著に増加している。棒グラフを構成する「West」等は各ゾーン内における混雑コストを示しており、最下段に位置する「ERCOT」はゾーン間の混雑を示している。16年から17年にかけて特に顕著であるが、「Houston」以外のゾーンの混雑が大きい。左側は2017年の月別の推移である。

図5-13　混雑コスト（リアルタイム市場）

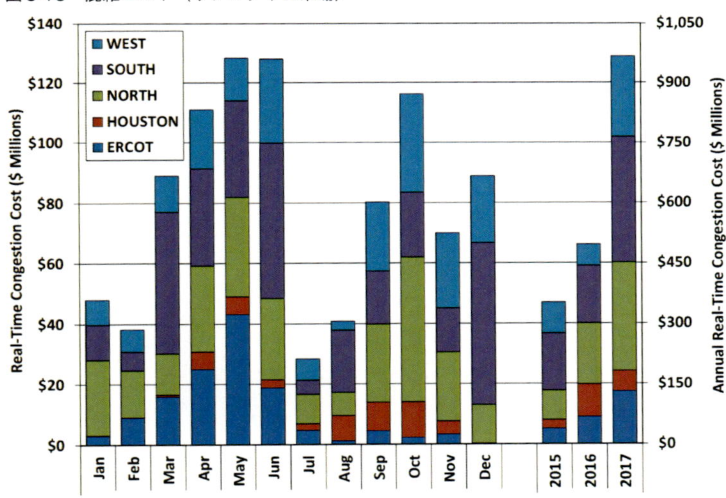

出所：2017 State of the Market Report for the ERCOT Electricity Markets（5/2018）

◆乖離が目立つ長期と前日の混雑予想

図5-14は、2012年から2017年までのCRR取得に要した費用の推移と、そのゾーンごと・期間ごと（マンスリーとフォアワード）の内訳である。3億ドルから4億ドルの年間コストを要しているが、留意すべきは、長期ヘッジ手段であるCRRの値と実際のコスト（図5-13）との間の乖

離が大きいことである。事前に混雑を予測することが難しいことが分かる。前日市場にてP2P取引を行い見直す必要があることがよく分かる。

図5-14　ゾーン毎CRRコスト

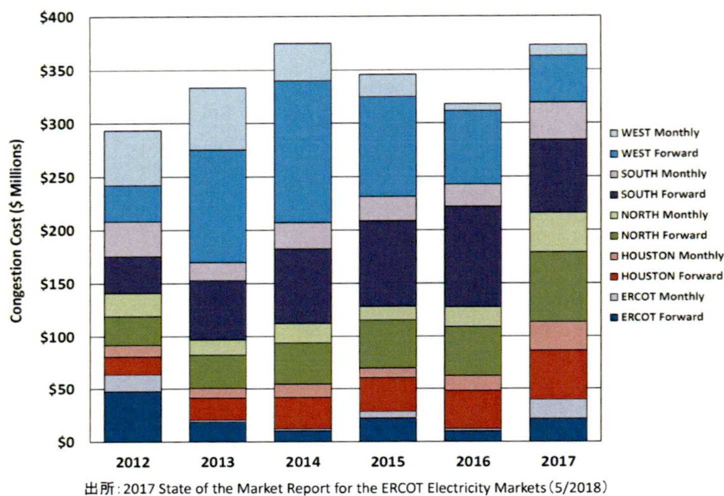

出所：2017 State of the Market Report for the ERCOT Electricity Markets（5/2018）

◆活発な前日混雑ヘッジ

図5-15は、前日市場におけるP2Pオブリゲーション契約のボリュームと内訳である。年間平均では55GW程度であり、月別では6〜8月の夏季ピーク時が60GW前後と大きくなっている。内訳を見ると、発電側のヘッジで過半を占めている。需要側は実物取引よりも金融取引の方が大きい。

図5-15　P2Pオブリゲーション契約のボリュームと内訳

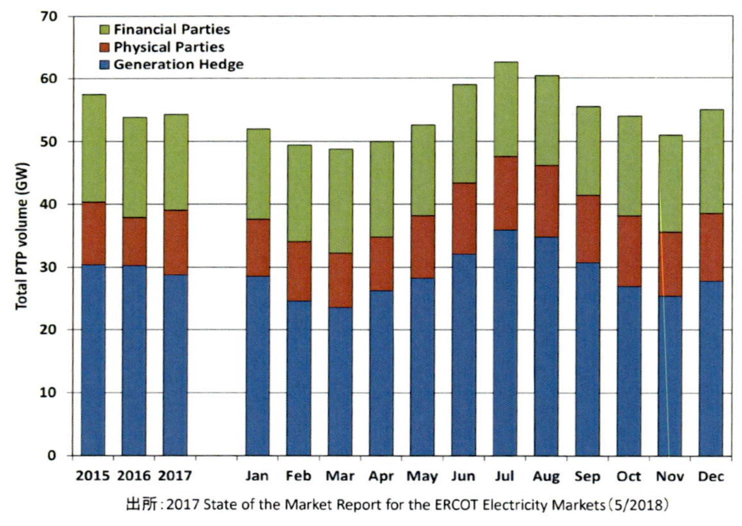

出所：2017 State of the Market Report for the ERCOT Electricity Markets（5/2018）

図5-16は、2015〜2017年のP2Pオブリゲーションの前日支払いとリアルタイム受け取りの推

移である。支払いよりも受け取りの方が大きく、取り引きするメリットがある。これは、前日市場で予測された混雑よりもリアルタイム市場で実際に生じた混雑の度合いが大きかったことを意味する。年ごとに取引高が大きくなっており、特に2017年は大きく増えていることが分かる。

図5-16 P2Pオブリゲーション契約の支払いと受け取り

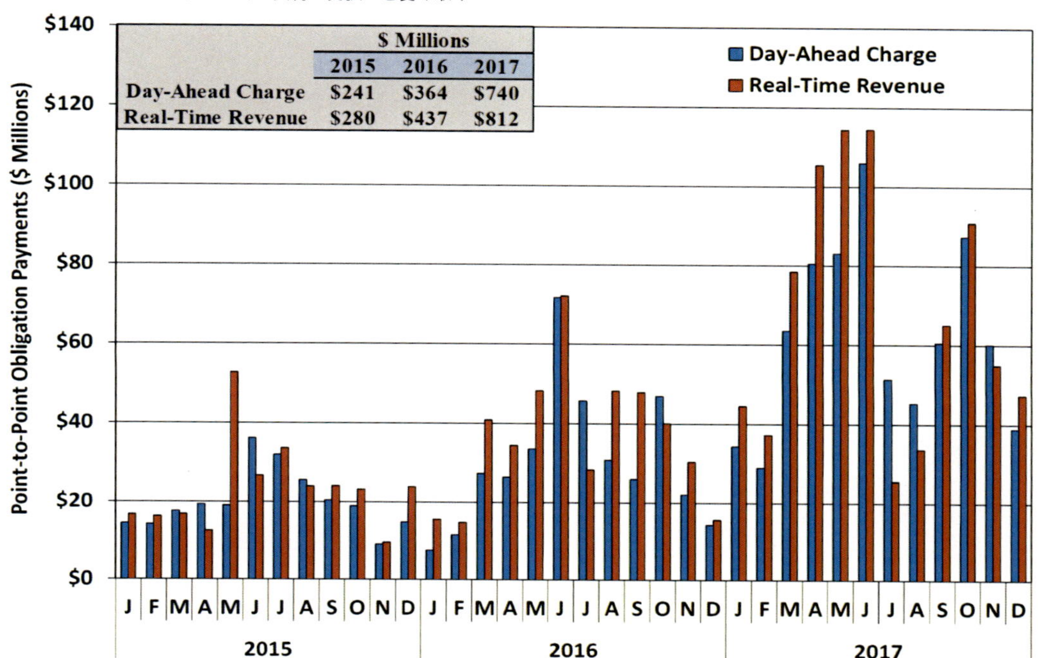

出所：2017 State of the Market Report for the ERCOT Electricity Markets（5/2018）

6

第6章　2018年夏に価格スパイク期待が外れた理由

2018年の夏は、需要が増える一方で、老朽化し競争力を失った石炭火力が大量に廃止となり、計画予備率は大きく低下した。こうしたなかで、価格急上昇（スパイク）が生じることが予想されていた。

本章では、こうした状況やスパイクが生じなかった顛末、要因について解説する。また、テキサスのEnergy Only Marketをどう評価するかについての私見を述べる。

6.1 Energy Only Marketの検証は持ち越し

テキサス州の電力システムの最大の特徴は、"Energy Only Market"である。非差別、透明性等が担保された価格メカニズムが浸透した世界である。経済学のミクロ理論を地で行く世界に見える。それは短期の卸取引市場で新規投資誘因を含めて全てを解決しようという意欲的なシステムと言える。実際に、その完全自由化・アンバンドリングのシステムの下で、卸および小売の低価格を維持し、風力導入量は全米断トツNo.1の地位となり、最近までは信頼度を維持しうる水準の予備力をキープしてきた。

筆者は、2018年5月にテキサス州を訪問する機会があった。テキサスでは官民ともに、自分たちのシステムに自信を持っていた。行く先々で人々が、その電力システムについて、Energy Only Market、SCEDというキーワードを発したが、それらは誇らしげに聞こえた。また、規制において、連邦政府からの独立を死守しようという意気込みを感じた。そしてその中で、Energy Only Marketへの試金石として、2018年夏季ピーク時の価格スパイクについての言及があった。価格が上昇する可能性が非常に高く、大きな投資誘因になるであろうとのことであった。あたかも価格スパイクを（楽しみに）待っていたかのようなニュアンスすら感じた。

一方で、それはEnergy Only Marketに対する懸念、不安と裏腹の関係にあるようにも感じられた。テキサス州は、2011年以降喧々諤々たる議論を経て、容量市場を創設しないという結論を出した。その後シェール革命の影響もあったと思われるが、卸市場価格が急低下し発電設備の採算性が悪化し、新規投資誘因は大きく減じた。再エネ開発や既存大規模電源容量の蓄積もあり、予備率は高水準を維持してきた。しかし、2012年から2017年の6年間、投資回収可能収益を大きく下回る状況が続き、2018年3月には老朽化設備とはいえ400万kWもの石炭火力発電が廃止され、予備率は一気に一桁台に急落した。いよいよ価格スパイクのときが来た、請うご期待とのニュアンスであった。

筆者は、帰国後、「テキサス州の電力価格1000円/kWh（9ドル/kWh）に急騰、自由化先進州の顛末」なるニュースが出ることを待っていた。ところが、テキサス州の電力関連ニュースは全くと言ってよいほど目にしなかった。スパイクは発生しなかったのである。Energy Only Marketの検証は2019年以降に持ち越しとなった。

6.2　Energy Only Marketで新規投資は回収できるのか
－払拭されない容量不足への懸念－

ERCOTのシステムの下では卸価格が長年低水準で推移しており、発電事業者が投資の回収に苦しんできている。これは、新規投資に二の足を踏むことに結び付く。一方で、それは緩い需給状況、供給過剰な状況が正常化される過程であるとの見方が根強い。容量市場を創設すべきとの世論にはなっていない。しかし、競争力を失った設備が廃止される動きが出てきており、投資誘因となる価格スパイクを予想する向きが強くなっている。本節は、こうした状況を解説する。

◆火力設備投資誘因低下への懸念

テキサス州の"Energy Only Market"は、これまで低コストと安定供給の実績を上げてきており、同州はこのシステムに自信を持っている。容量市場非導入は決着済みとしている。一方でガス火力、風力に押されて石炭・原子力は競争力を失っており、特に石炭は急速に設備を減らしている。市場収益で新規火力投資を回収できない状況が6年間続いており、設備廃止が増え、需要増とも相まって、計画予備率は2018年3月に半減した。

◆火力発電は2012年以降採算に乗っていない

図6-1は、ERCOT市場におけるコンバインドサイクルガスタービン発電設備の純収入（ネット・レベニュー）の推移である。kW当りの年間収入であり、エネルギー（電力）、アンシラリーサービス（Regulation、Reserves）の合計値である。収入のほとんどはエネルギーであり、アンシラリーではRegulationが大半を占めている。

年度では、2011年が130～140ドルと高く、2012年以降は40～60ドル近辺で推移している。2011年は猛暑や厳寒やハリケーンの影響により供給力が不十分となった。以降は燃料価格の低位安定、十分な供給力の環境下にある。新設設備の年間コストは110～125ドルであり、2012年以降の6年間は投資回収が困難な状況になっていたことが分かる。

◆技術開発、競争力を反映して電源開発はダイナミックに推移

図6-2は、ERCOTにおける年間電源設置の長期推移である（1928年～2017年）。2000年以降天然ガス火力の設置が活発であり、特に2000年前半は投資ラッシュとなっている。自由化政策の導入、ガスタービンの技術革新を背景としている。また、やはり2000年以降風力発電の導入が活発になり電源開発の主役を演じている。特に、送電線用の大規模送電線開発事業CREZが2013年に完成して以降、勢いが増している。

図6-1　コンバインドサイクルガスタービン発電Net-Revenueの推移

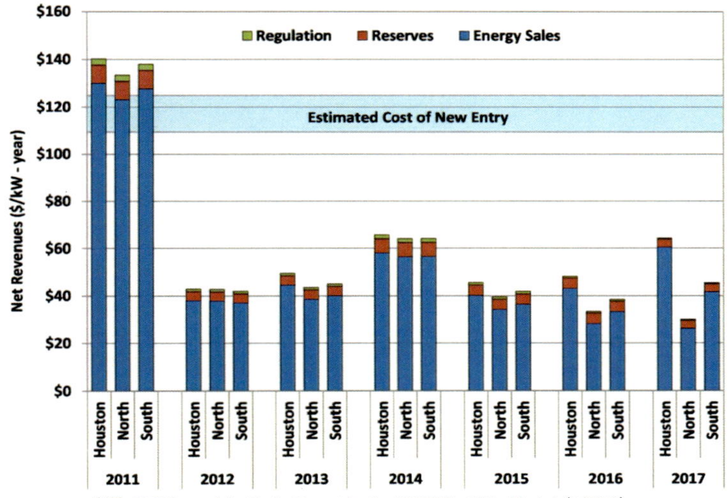

出所：2017 State of the Market Report for the ERCOT Electricity Markets（5/2018）

図6-2　ERCOTの年間電源設置容量の長期推移

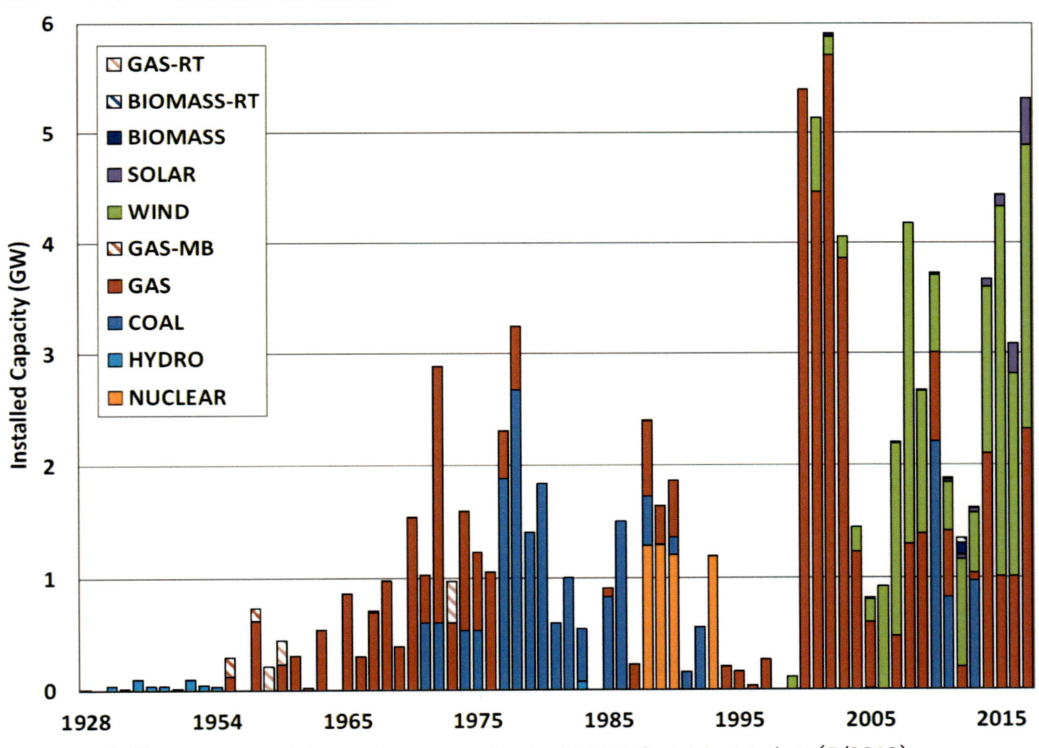

出所：2017 State of the Market Report for the ERCOT Electricity Markets（5/2018）

原子力は4基稼働しているが、1880年代後半から1990年代前半にかけて導入されたものである。米国では新しい方であり、全米平均コストに比べて低くなっている。昨今の低い市場価格の中では苦戦しているが、価格変動に対応できる電源としての価値はまだ評価されている。石炭は1970年代、80年代の開発の主役であったが、1990年代以後は、不活発である。競争力が落ちており、稼働率が低くなり、老朽化設備を中心に廃止する動きが顕在化している。

◆Energy Only Marketは機能するのか

過剰設備解消の過程との認識をもたれているが、新規投資を巡る環境は厳しい。2018年には待望（？）の価格スパイクが生じ、投資誘因の面で一息つくと喧伝されていた。また、Energy Only Marketの枠組みの中で、システム革新を継続し、価格変動の柔軟性と混雑解消がより進む仕組みが検討されている。

こうしたなかで、2018年夏季を迎えることになった。予備率が低下する2018年は信頼度を維持できるのか、価格がスパイクするのか、それにより投資意欲が刺激されるのか等が注目を集めた。

その結果としては、価格機能がよく働いたこと、予想を超える自主的な調整や分散型自家発の稼働、変動再エネのキャパシティ効果等により、スパイクや特別ルール発動は想定を下回った。

6.3　2018年夏、なぜ価格スパイクは発生しなかったのか

本節では、Energy Only Marketの正念場、真価が問われるとも言われた2018年夏季のERCOTの情勢について解説する。期待された（？）価格スパイクは生じたのか、生じなかったか。生じなかったという判断であればその要因は何か、改めてERCOTのシステムをどう考えるか等について解説する。

6.3.1　2018年夏の供給危機①：危機の背景

2018年の夏季は需要ピーク更新、予備力不足を背景とする需給逼迫により、卸価格が高騰すると予想されていた。以下、価格高騰が予想される要因を挙げる。

◆需要増

テキサス州は、移民流入等による人口増や好調な経済を背景に、エネルギー需要は着実に増えてきている。近年は、シェール革命により西部地区での資源開発が活発に行われているが、フラッキング（水圧破砕）は大量の電力を消費する。また、フリーポートLNG輸出基地等の建設に伴う需要増も生じている。

◆石炭火力の廃止

風力、ガス火力に押されて石炭火力は苦戦を余儀なくされてきたが、2018年4月に約400万kWの設備が廃止となり供給容量が減少した。

◆予備率の半減

このような需給状況を反映して、供給予備率は2017年の18%から9.3%まで急落した。ERCOTの要請で休止中の発電設備が戦線復帰したことにより2018年5月には11.0%まで回復はした。しかし、適正予備力である13.75%は下回っていた。

ERCOTの警戒は市場参加者にも伝わり、7年ぶりの価格スパイクが予想された。発電事業者から見ると、長年待っていた価格スパイクがようやく発生するとの期待が高まった。価格スパイクが効果的な投資誘因になるという「Energy Only Market」の試金石ともみなされた。以下、この状況についてERCOTの資料を基に解説する。

◆石炭廃止前は高い計画予備率

図6-3は、2016年12月にERCOTが予想した計画予備率の見通しである。2017年は16.9%であ

るが、2018年以降は19～20%の高い水準で推移していくとしている。既存設備の減少を新規のガス、風力、太陽光で代替していく姿である。2021年にはストレージ（グラフのNew Storage部分）も登場する。

図6-3　計画予備率（リザーブマージン）の予想（2017年）

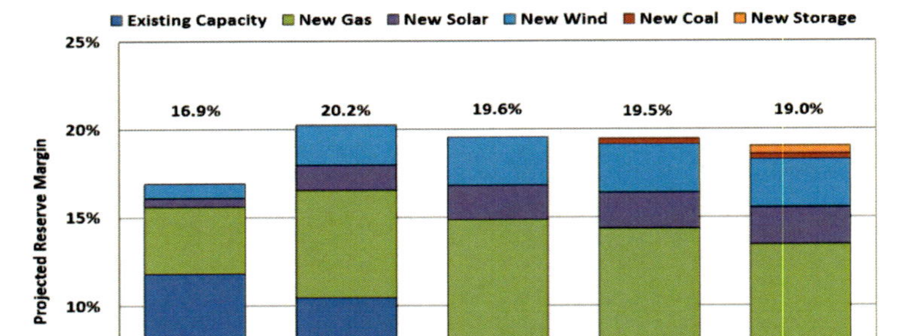

出所：2017 State of the Market Report for the ERCOT Electricity Markets（5/2018）

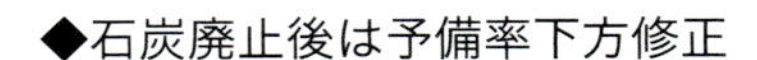

◆石炭廃止後は予備率下方修正

図6-4は、2018年12月時点のERCOTの資料である。2年前に比べて予備率がかなり下方修正されている。これは、2018年春に大規模な石炭火力発電の廃止があったためである。ERCOTは、同年の夏季ピーク時の需給逼迫を予想し、価格スパイクの可能性を含めて、警戒と準備を訴えていた。

図6-4　計画予備率（リザーブマージン）の予想（2018年）

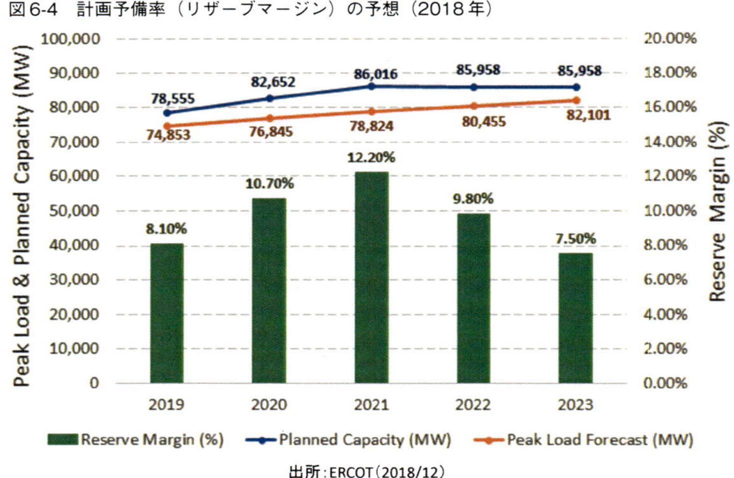

出所：ERCOT（2018/12）

◆2018年夏は需要ピーク更新

図6-5は、2016年から2018年にかけての夏季ピーク時（6〜8月）のピーク需要の推移である。毎年増加しているが、2018年は7月19日に73,308MWを記録し、過去のピークを更新した。

図6-5　猛暑とシェール革命等で需要増、ピーク更新

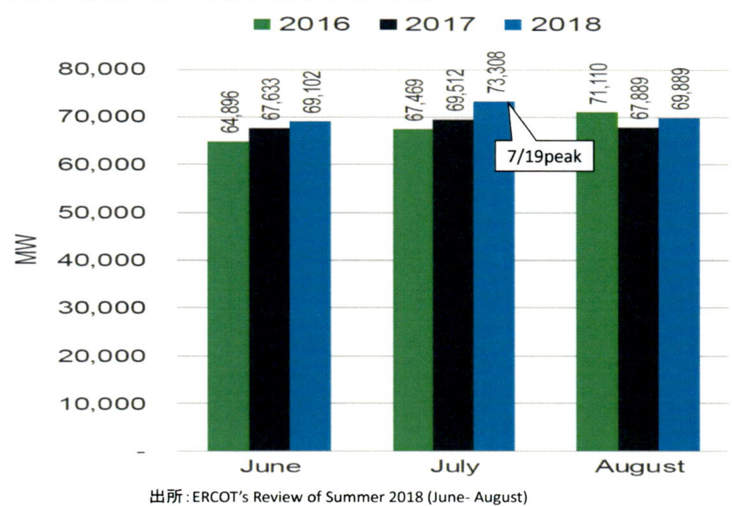

出所：ERCOT's Review of Summer 2018 (June- August)

6.3.2　2018年夏の供給危機②：価格スパイクを克服できた要因

このような状況のなか実際には、前年よりは価格は上昇したものの、予想されたようなスパイクは生じなかった。

◆1　市場価格は上昇したがスパイクには至らなった要因

図6-6の左グラフは、過去3年間のリアルタイム市場の決済価格平均値の価格帯別の発生状況を示している。2018年はMWh当り50ドル以上の高水準階層の発生頻度が増えてきていることが分かる。1000〜2500ドルの階層も、この3年間では初めて発生し、回数も30回弱を記録した。一方で、2500ドル超は発生しなかった。下の表は、2018年と2017年の6〜8月の平均価格の比較である。各月で13%、53%、34%上昇している。

以下、スパイクに至らなかった要因について解説する。

■当局(PUC、ERCOT)のリーダーシップ

PUCとERCOTは、何回にもわたり需給予想値を公表し、警戒を促した。市場参加者はそれに反応して、自主的に供給力確保に努めた。供給設備保有者は、夏季前にメンテナンスを実施し休止予定の「off-line設備」をいつでも稼働できる状況にし、故障（outage）等による停止が極力発生しないように準備した。

図6-6　市場価格は前年比上昇

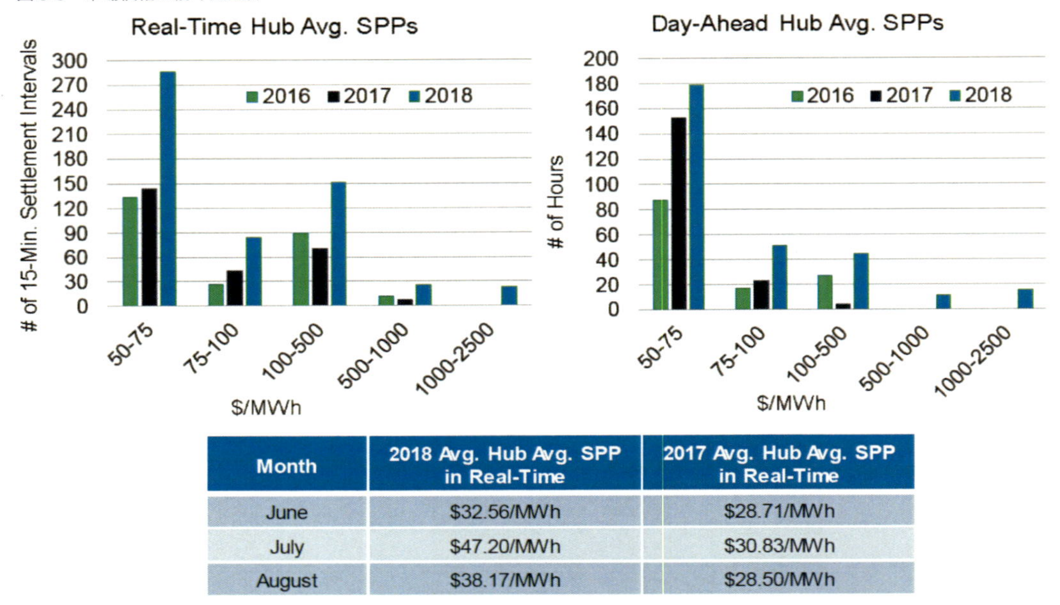

Month	2018 Avg. Hub Avg. SPP in Real-Time	2017 Avg. Hub Avg. SPP in Real-Time
June	$32.56/MWh	$28.71/MWh
July	$47.20/MWh	$30.83/MWh
August	$38.17/MWh	$28.50/MWh

SPPS：Settlement Point Prices

出所：ERCOT's Review of Summer 2018 (June- August)

■市場の価格調整機能が働く

テキサス州は、全米随一の価格機能が働く市場で、低価格と信頼性を具備していると自負しているが、その成果が発揮されたといえる。期中のリアルタイム市場価格は3割程度上昇したが、需給がこれに反応したのである。まず自家用コジェネの稼働率が上がり、系統電力の稼働引き下げ（温存）に寄与した。テキサス州では、ハリケーンにより被害を受けることが多く、自己防衛のためにコジェネを保有している需要家は多い。競争原理が浸透し、スマートメーター普及率が8～9割に達する環境のなかで、消費者の価格に対する反応は大きい。小売事業者もスマートサーモスタット等の設置を促し、省エネサービスを競っている。

■再エネ設備増の効果

風力、太陽光の導入が進み、ピーク時の出力が大きくなってきた。風力は、これまで開発が多かった西部、北部地域は昼間の風速が低く、ピーク時の寄与率が低かったが、最近開発が進んできている南部は昼間も風速が高い。急激なコスト低下を背景に、想定を上回るペースで設置が進んでいることが、予想を超えるピーク時容量を実現したことにつながった。

◆2　スパイクしなかった要因の検証（ピーク日の7/19の分析）

以下、ERCOTの資料に沿って、具体的に解説していく。

■供給設備は有効に稼働

図6-7は、2018年7月19日のERCOTにおける需要、容量、予備力の1時間平均値の推移を示している。すなわち全体の状況が俯瞰できるグラフとなっている。棒グラフは各種供給設備容

量で、折れ線グラフの需要量とともにスケールは左軸である。風力、太陽光、予備力（PRC）のスケールは右軸である。生活・経済活動に沿って需要が増えていくにつれて供給も対応していくが、昼間に利用率が下がる風力は減る。需要増や風力減少をカバーするべく非再エネ発電の利用が増え、予備力（棒グラフと需要の線グラフとの差）が小さくなっていく。また、休止予定のオフライン設備が減り稼働・待機中のオンライン設備（非再エネ）に切り替わっていく。オフラインの設備はピーク時間帯に急速に減っており、稼働できる状態に維持されていることが示唆される。なお、太陽光は風力の後を追って急速に導入が進んできているが、今後は昼間の非再エネ発電を代替していくことになろう。

図6-7　2018年7月19日のERCOTの需要情勢

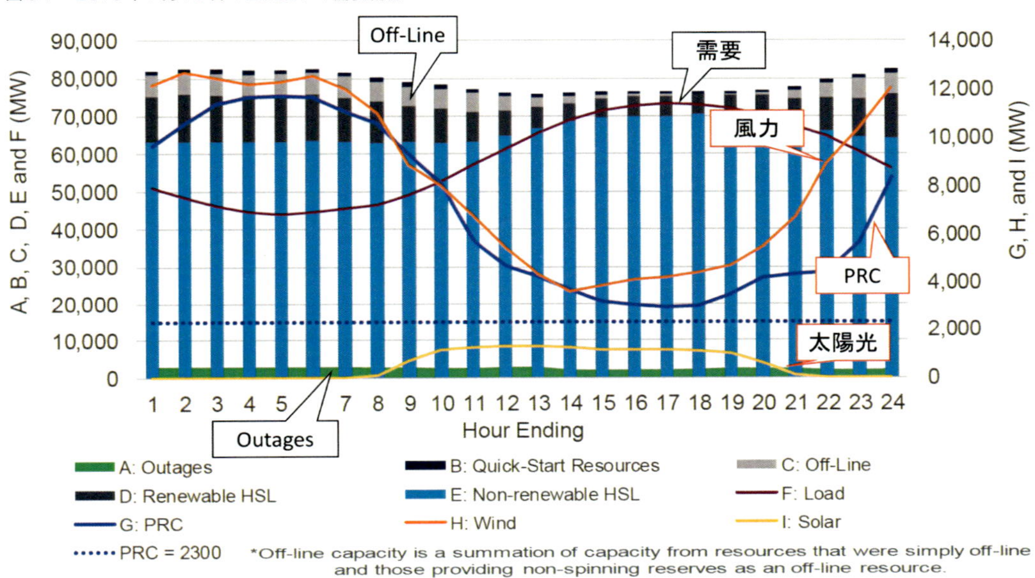

出所：ERCOT's Review of Summer 2018 (June- August)

■リソースがほぼフル稼働

図6-8は、2018年7月19日ピーク時のリソースがほぼフル稼働であったことを示している。13時から18時までがピーク時であるが、この間は、休止予定のオフライン設備が急激に減少しており、故障等のアウテージ設備も減っている（利用されている）。

■風力と太陽光はピーク時供給力に寄与

図6-9は、2017年と2018年とのピーク日における、風力と太陽光の1時間ごとの出力量の推移を示している。ピーク時間帯を含め1年間でかなり増えていることが分かる。

■コジェネは価格に反応しピーク時に稼働増

図6-10は、分散型エネルギー資源DER（Distributed Energy Resources）が市場価格に反応していることを示している。やはり7月19日のピーク時間帯の供給側（系統）に対する需要状況を示している。データは100のコジェネが設置された93地点の平均価格を取っているが、価格が上昇するタイミングで需要が下に振れていることが分かる。価格が上がり、コジェネ（自

図6-8　2018年7月19日ピーク時の稼働状況

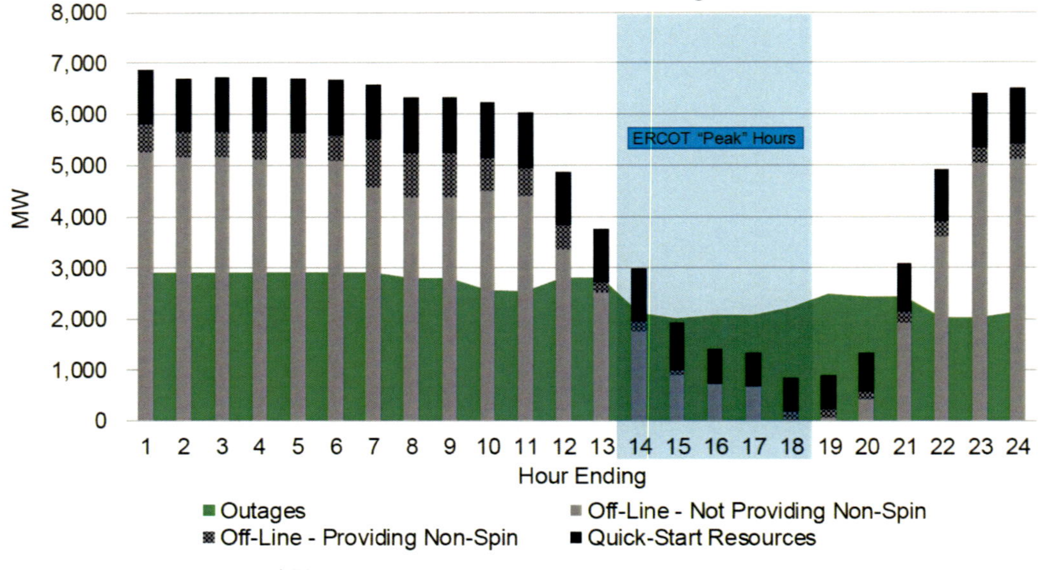

出所：ERCOT's Review of Summer 2018 (June- August)

図6-9　風力、太陽光のピーク時出力は増加

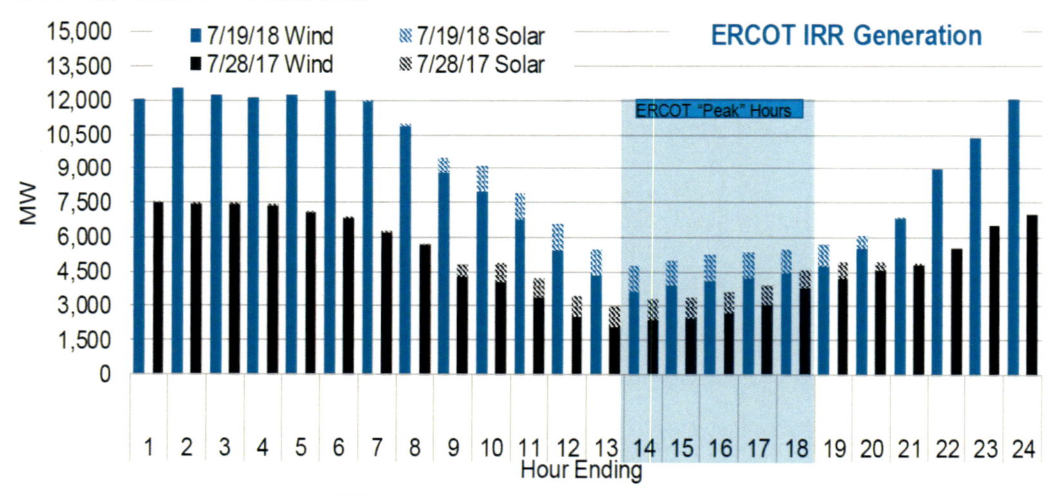

出所：ERCOT's Review of Summer 2018 (June- August)

家発）が作動すれば、系統からの供給が減少することになる。

■参加者は自主的に予備力確保

図6-11は、2017年と2018年の6月から8月の期間を比較して、ERCOTから市場参加者に対する「指示」であるRUC（Reliability Unit Commitment）が出た時間が大きく減ったことを示している。1年前よりはピークが先鋭になり、予備力が不足し、混雑処理の必要も上がったはずであるが、RUCは減っている。これは市場参加者が、自力で調整設備を確保したことを意味している。

図6-10　DERは価格に反応した可能性が高い

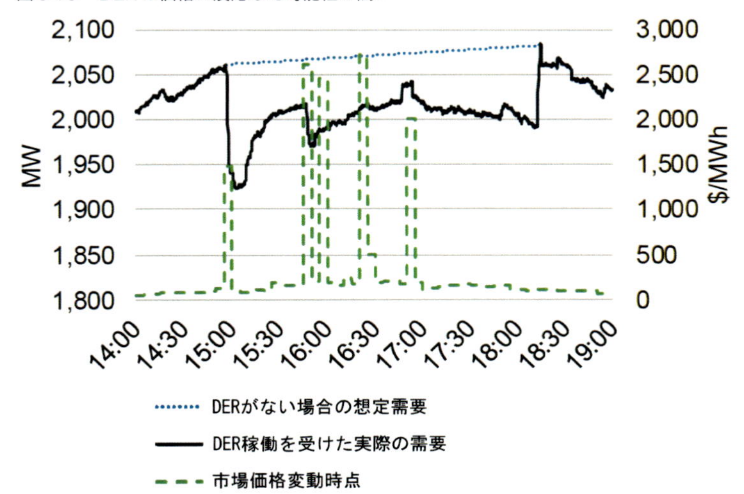

出所：ERCOT's Review of Summer 2018 (June- August)（凡例は筆者翻訳）

図6-11　Resource-Self-CommittedによりRUC指令は減少

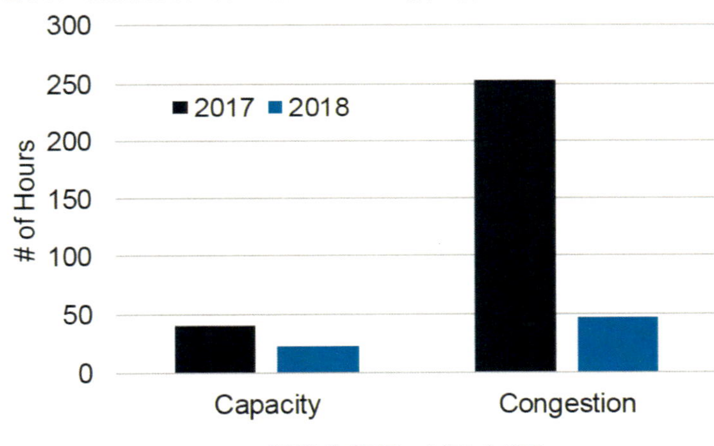

出所：ERCOT's Review of Summer 2018 (June- August)

◆3　価格上昇もスパイクに至らずの検証（2018年夏季）

■運用予備力縮小と価格上昇（ORDCシステム）は発生したが、スパイクに至らず

図6-12は、2018年6～8月の15～18時における運用予備力利用価値カーブ（ORDC）上の実際の予備力と価格（アダー）について、その配置（プロット）を示したものである。需要ピーク時の7月19日は（予備力3600MW、アダー450ドル）である。高いアダーが付いたのは6月5日（3000MW、1000ドル弱）および8月18日（2700MW、1300ドル）であった。前年よりは高いアダーが付いたが、上限値（キャップ）である9000ドルには余裕があった。期待された（？）スパイクは生じなかったと言える。

図6-12　概して予備力は危機的領域に至らず。ORDCは低水準で高価格も発生

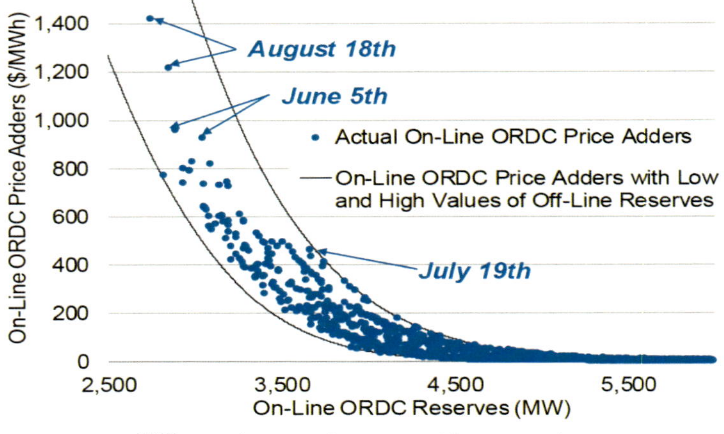

出所：ERCOT's Review of Summer 2018 (June- August)

■価格上昇も火力発電はまだ回収不能

図6-13は、ピーク対応設備（ピーカー）の純収益（ネットマージン）の2011年以降の推移である。2018年は価格スパイクも予想されたが、市場参加者の事前準備と価格調整力、再エネ増加等の貢献により、低水準ながら安定的に予備力が確保でき、ネットマージン水準はあまり上がらなかった。ピーク用の火力発電は7年連続の回収不能となる市場環境となった。

図6-13　Peakerの累積Net-Marginは高水準だが2011年に及ばず

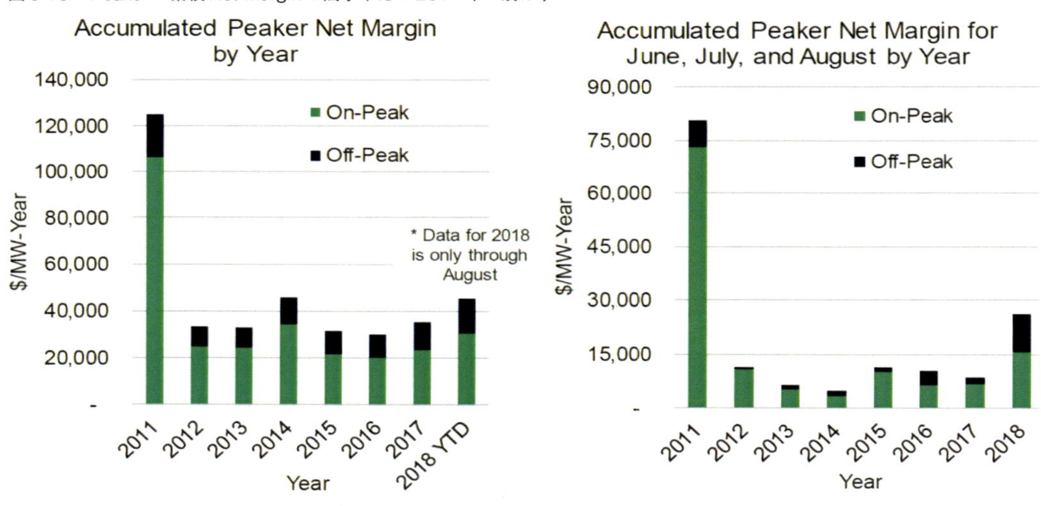

出所：ERCOT's Review of Summer 2018 (June- August)

6.4 本章の最後に

価格スパイクが生じるか否か、かなりの確率でスパイクするであろうと予想された2018年夏季のテキサス電力情勢であったが、一定の予備力は確保され、スパイクは生じなかったと言える。以下で、ERCOTのデータにより総括を行い、筆者の感想を含めた本章のまとめとしたい。

◆2018年夏季ピーク時の需給状況の総括

表6-1は、2018年夏季需要ピーク時に係る事前のリソースアデカシー（利用可能容量）予想値と実際の状況とを比較したものである。ピーク需要は予想を上回った。一方、対応するリソースを見ると、コジェネ等自家発（Switchable-Generation）および風力・太陽光が想定を超える増加（貢献）を見せている。この結果、火力・水力は予想よりも低い水準に収まっている。予備力は減少したが、故障等による非稼働設備が大きく減少したことから、利用可能な運用予備力は108万kWから218万kWへと増えている。

表6-1　2018年夏季の最大需要vsリソース予想容量

	2018年のピーク需要量（7/19/18）	2018年夏季の最終予想リソース容量
リソース容量合計（MW）	77, 558	78, 184
火力・水力	65, 200	66, 457
デマンドレスポンス	3, 019	3, 298
コジェネ等	3, 057	2, 727
風力	4, 229	4, 193
太陽光	1, 136	1, 120
連系線	917	389
ピーク需要（MW）	73, 308	72, 756
予備力（MW）	4, 250	5, 428
設備故障等（MW）	**2, 078***	4, 349
大規模故障発生シナリオ		6, 915
運用予備力（MW）	2, 175	1, 079

*非稼働でなくなった設備は500MW以上。

出所：ERCOT's Review of Summer 2018 (June- August)を元に翻訳して再構成

総括すると、予想に比べて需要は増えたが、コジェネ、風力・太陽光の増加、非稼働設備の減少等により、火力設備の減少をある程度カバーし、200万kW超の運用予備力を確保したこととなる。

◆Energy Only Marketは新たなステージに入ったのか

重要指標である「予備力」は、予想よりも下がらなかった。Energy Only Marketの思想浸透により、自己責任の下で需給調整・予備力確保等を実現するシステムが機能するようになった。デマンドは価格にかなり敏感に反応し、「デマンドレスポンス」が期待できることが分かってきた。天候次第とも言われる風力、太陽光であるが、設置量が増えるとピーク時の容量も当然増える。また、立地が拡大するにつれて補完関係が大きくなる。風力は一般に昼間の利用率が下がるが、メキシコ湾沿岸のように昼間の風況が良い場所の容量価値が上がり、導入が増えている。遅れて普及してきた太陽光は昼間の利用率が高い。

このように2018年夏季は、スパイクまでには至らなかったが、価格メカニズムが働いたことで予備力が維持できたと考えられる。これらの要因が今後とも拡大し、従来の大規模な設備投資が進まなくとも済むのか、いつか教科書通りのスパイクが起こり、投資が起こるのか非常に興味深い。Energy Only Marketは新たなステージに入った可能性もある。

終わりに　－日本に容量市場・ベースロード市場は必要か－

◆電力卸取引市場は整備の途上

日本は、電力自由化に踏み切ったものの、まだその完成形に向けた途上にある。世界から周回遅れの状況で、それに追い付く途上にある。2020年に実施予定の発送電分離が象徴的であるが、他にも多くの実行すべき改革がある。特に競争環境を醸成する上で要となる透明性、非差別性、効率性を備えた卸取引市場の整備は最重要課題である。取引所を経由する取引は、電力システム改革の議論が始まった2013年当時の2～3%から3割程度まで高まっており、一定の成果は認められる。しかし、売り手と買い手が同一主体の取引が多いとの指摘があることに加え、当日の1時間前市場が機能していない、システム未整備が原因と言われるが供給過剰時にマイナス価格を付けられない、FIT電源の数値の多くは前々日の予測値が採用される、需要家がまだ会員になれない等、解決すべき課題は多い。

◆卸市場の存在は供給力不足を招くのか

一方で、卸市場取引の限界を強調し、それを補完しようとする動きが急速に起きている。既存火力発電の稼働が低下し、新規投資も困難となり、将来の供給力（予備力）不足を懸念する声である。これは、第5次エネルギー基本計画でも、「公益的課題」として繰り返し強調され、容量市場創設の重要性に結び付けている。実際に、容量市場は2020年に開設される予定となっている。2019年4月8日に発表された経団連の電力システム改革に係る提案でも、再エネ主力電源化に軸足を移す画期的な内容ではあるが、「電力取引の卸市場化」なる表現を用いて「調整力として重要な火力発電」の供給力不足に懸念を示している。

要するに、自由化に踏み切ったものの、既存大規模電源の競争力低下が懸念されることから、卸取引以外でコストを回収する仕組みを作りたいということのようだ。こうした動きが生じた背景としては、①燃料費が相対的に高い天然ガスは稼働率が低くなる、②原子力の再稼働が予想以上に進まない、③老朽設備や原発を代替する競争力のある電源として多く計画された石炭が、環境面から相次いで中止に追い込まれている等がある。

筆者は、このような懸念が無視できるものか否かについては、まだよく分かっていない。筆者が考える以上に長期的な予備力不足は深刻な状況なのかもしれない。少なくとも容量市場は海外にも存在する。

◆多様な市場創設は、肝心な卸市場を歪めることにならないか

容量市場は米国の中・東部の広域運用機関であるPJMの制度を参考に、4年後の予備力を入札で確保する方式をとるが、リードタイムからして天然ガス火力建設が念頭に置かれている。原子力と石炭は、「ベースロード市場」なる海外には例のない市場が創設される。これは、中長期的な取引であり、先物・先渡し市場とダブる。本来は資本市場で透明性を持って取り扱われるのが筋だと思われるが、売り手は旧電力で買い手は新電力が想定されており、相対取引の様

相を呈する。

自由化された市場では、前日取引（スポット、フィジカル）にて決まる価格が相対を含む全ての取引の指標となる。中長期取引は基本的に金融取引（フィナンシャル）であり、運用日（実受給時）に向けてリスクヘッジの手段として利用される。従って、先物・先渡し取引は東証等の金融取引所の商品となっている。

また、天然ガス火力の調整力価値が正当に評価される市場として、送電会社が募集する「需給調整市場」の整備を図る。その中には、本来卸当日市場の役割と考えられるものも検討されている。

しかし、自由化に踏み切ったのであり、卸取引市場は最重要ソフトインフラとして最優先で整備していかなければならない。卸市場を歪めるような制度設計とならないように細心の注意を払う必要がある。価格変動に対するリスクヘッジは、卸スポット価格を参考指標とする先物取引の整備が基本であり、調整力の価値は当日市場の革新でかなりの程度対応できる。予備力に関しても、卸市場へ影響を及ぼさないような工夫や卸市場と関連付ける仕組みも考察・導入されている。

◆容量市場、ベースロード市場は国益になるのか

日本の導入しようとしている容量市場は、小売り（特に新電力）が火力発電の固定費の一部を追加的に負担することになるが、LNG火力発電の維持・確保を狙ったものとの見方がある。ベースロード市場は、新電力が石炭・原子力の電力を、発電平均費用を基とする価格で買い取ることになるが、総括原価に近い考え方であり、特に石炭火力の維持・確保を狙ったものとの見方がある。既存大規模火力発電の支援措置ともいえる両市場の整備は、我が国にとって有益なのであろうか。供給容量（予備力）の確保に本当に役に立つのか、電力価格を下げて産業や日本の国際競争力に寄与するのか、温室効果ガスの削減にしっかり寄与するのか、良い方法を真剣に探したのであろうか等について再度考える必要がある。

繰り返しになるが透明性、公平性、流動性に優れた卸取引所市場がまだ十分に機能しない段階での容量市場やベースロード市場の性急ともいえる整備は、卸取引所や（整備が検討されている）価格変動リスクヘッジに有効な先物市場を歪めることになりかねない。盲目的にPJMのシステムを真似するのではなく、テキサスを代表とする他の合理的な手段を模索していく必要がある。

◆議論の対立軸を提供するテキサスモデルの魅力

テキサス州は、議論を尽くした結果、容量市場を導入しないことを決めた。日本の経団連にあたる組織が、電力価格が1割高くなるとして反対の急先鋒となった。小売会社も反対した。その結果、当日市場に予備力確保を意識させる仕組みを組み込み、Energy Only Marketを完成させた。需給が逼迫したときに、ほぼ青天井で価格が上がるシステムであるが、高騰する期間が短いので、常に用意しているよりもコストがかからないとするものだ。日本でこのシステム

が受け入れられるかは議論のあるところではあるが、真剣に議論・検討すべき価値のある大きな問題である。

世界でもあまり類を見ないEnergy Only Marketを整備したテキサス州は、今後の方向を先取りしている可能性がある。少なくとも、自由化を進めていく上での議論の対立軸として、注目したい魅力あるシステムである。

2019年6月

山家 公雄

参考文献

・"ERCOT Overview"　ERCOT（2018/5）
・"ERCOT Market Design"　ERCOT
・"2017 State of the Market Report for the ERCOT Electricity Market"　Potomac-Economics（2018/5）
・"2016 State of the Market Report for the ERCOT Electricity Market"　Potomac-Economics（2017/5）
・"ERCOT's Review of Summer 2018（June-August）"　ERCOT（2018/9）
・"Renewable Energy in Texas 2017"　PUCT
・"Energy Primer -A Handbook of Energy Market Basics"　FERC（2015/11）
・"Overview of PJM"　PJM　(2018/5)
・"DESIGNING AUSTIN ENERGY'S SOLAR TARIFF USING A DISTRIBUTED PV VALUE CALCULATOR"　Austin-Energy
・"Our guide to installing solar panels on your home in Austin, Texas"　Austin-Energy
・「電力システム改革貫徹のための政策小委員会 中間とりまとめ」 電力システム改革貫徹のための政策小委員会（2016/12）
・「容量市場の概要について」 電力広域的運営推進機関（2019/3）
・「ベースロード市場ガイドライン」 電力・ガス取引等監視委員会（2019/3）
・「「第5次エネルギー基本計画」を読み解く その欠陥と、あるべきエネルギー政策の姿」 山家公雄　2018年　インプレスR&D
・「送電線空容量ゼロ問題 電力は自由化されていない」 山家公雄　2018年　インプレスR&D
・「アメリカの電力革命」 山家公雄編著　2017年　エネルギーフォーラム
・「再生可能エネルギー政策の国際比較 日本の変革のために」 植田和弘／山家公雄編著　2017年　京都大学学術出版会
・「ドイツエネルギー変革の真実」 山家公雄　2015年　エネルギーフォーラム
・「米国の送電混雑管理」 内藤克彦　2019年　京都大学再生可能エネルギー経済学講座コラム
・「太陽光発電の価値は市場価格の2倍超　-2019年問題の考え方」 山家公雄　2018年　京都大学再生可能エネルギー経済学講座コラム

著者紹介

山家 公雄（やまか きみお）

エネルギー戦略研究所（株）取締役研究所長、京都大学大学院経済学研究科特任教授、豊田合成（株）取締役、山形県総合エネルギーアドバイザー。

1956年山形県生まれ。1980年東京大学経済学部卒業後、日本開発銀行（現日本政策投資銀行）入行。電力、物流、鉄鋼、食品業界などの担当を経て、環境・エネルギー部次長、調査部審議役などに就任。融資、調査、海外業務などの経験から、政策的、国際的およびプロジェクト的な視点から総合的に環境・エネルギー政策を注視し続けてきた。2009年からエネルギー戦略研究所所長。

主な著作として、「送電線空容量ゼロ問題 電力は自由化されていない」、「「第5次エネルギー基本計画」を読み解く」（インプレスR&D）、「アメリカの電力革命」、「日本海風力開発構想―風を使い地域を切り拓く」、「再生可能エネルギーの真実」、「ドイツエネルギー変革の真実」（以上、エネルギーフォーラム）、「オバマのグリーン・ニューディール」（日本経済新聞出版社）など。

◎本書スタッフ
アートディレクター/装丁： 岡田 章志＋GY
デジタル編集： 栗原 翔

●お断り
掲載したURLは2019年5月31日現在のものです。サイトの都合で変更されることがあります。また、電子版ではURLにハイパーリンクを設定していますが、端末やビューアー、リンク先のファイルタイプによっては表示されないことがあります。あらかじめご了承ください。
●本書の内容についてのお問い合わせ先
株式会社インプレスR&D　メール窓口
np-info@impress.co.jp
件名に「『本書名』問い合わせ係」と明記してお送りください。
電話やFAX、郵便でのご質問にはお答えできません。返信までには、しばらくお時間をいただく場合があります。
なお、本書の範囲を超えるご質問にはお答えしかねますので、あらかじめご了承ください。
また、本書の内容についてはNextPublishingオフィシャルWebサイトにて情報を公開しております。
https://nextpublishing.jp/

●落丁・乱丁本はお手数ですが、インプレスカスタマーセンターまでお送りください。送料弊社負担にてお取り替えさせていただきます。但し、古書店で購入されたものについてはお取り替えできません。
■読者の窓口
インプレスカスタマーセンター
〒 101-0051
東京都千代田区神田神保町一丁目 105番地
TEL 03-6837-5016／FAX 03-6837-5023
info@impress.co.jp
■書店／販売店のご注文窓口
株式会社インプレス受注センター
TEL 048-449-8040／FAX 048-449-8041

テキサスに学ぶ驚異の電力システム

日本に容量市場・ベースロード市場は必要か？

2019年6月28日　初版発行Ver.1.0（PDF版）
2019年7月26日　Ver.1.1

著　者　山家 公雄
編集人　宇津 宏
発行人　井芹 昌信
発　行　株式会社インプレスR&D
〒101-0051
東京都千代田区神田神保町一丁目105番地
https://nextpublishing.jp/
発　売　株式会社インプレス
〒101-0051　東京都千代田区神田神保町一丁目105番地

●本書は著作権法上の保護を受けています。本書の一部あるいは全部について株式会社インプレスR＆Dから文書による許諾を得ずに、いかなる方法においても無断で複写、複製することは禁じられています。

©2019 Kimio Yamaka. All rights reserved.
印刷・製本　京葉流通倉庫株式会社
Printed in Japan

ISBN978-4-8443-9699-4

NextPublishing®

●本書はNextPublishingメソッドによって発行されています。
NextPublishingメソッドは株式会社インプレスR&Dが開発した、電子書籍と印刷書籍を同時発行できるデジタルファースト型の新出版方式です。 https://nextpublishing.jp/